猿橋賞
40周年
記念出版

私の科学者ライフ

猿橋賞受賞者からのメッセージ

女性科学者に明るい未来をの会 編

日本評論社

はじめに　「女性科学者に明るい未来をの会」の創立40周年を迎えて

「女性科学者に明るい未来をの会」が発足してから、２０２０年で40周年を迎えた。現在、当会は２０１２年7月以来「(一般財団法人)女性科学者に明るい未来をの会」と称し、英文では、The Association for the Bright Future of Women Scientists として活動を継続している。この会は、１９８０年4月に気象庁気象研究所を定年退職された猿橋勝子先生が、退官記念として先輩・友人方から寄せられた寄付金をもとにした基金で設立され、優れた研究業績をあげた50歳未満の女性科学者に猿橋賞を贈呈することを決めた。設立の趣旨は、本会の初代会長である湯浅明氏(東京大学・日本女子大学名誉教授)が執筆された「創立の趣旨」によく説明されている。その一部を次に引用させていただく。

「人間を生物種ヒトとしてみれば、種族の維持のため、男女の別がある。しかしこの別は生物学的なもので、そこには上下・優劣の差はない。(中略)人間が単なる自然状態から社会をつくり始めるに至って、男女の間に差別を生じはじめた。(中略)わが国では第二次世界大戦後になって、婦人参政権、法の下での男女平等、教育における男女の機会均等などが憲法で保障されることになり、(中略)婦人の権利は大幅に広げられた。(中略)女性の科学者数は総数においても比率においても、きわめて低いとはいえ、幾多優秀な科学者をだした。また、女性の科学的知識のレベルも向上し、国民生活の大きな基礎となっている。

私たちは、女性科学者のもつ、きわめて高い潜在能力を信じ、それに大きい期待をよせている。また私たちは、わが国の自然科学の今後の発展が女性科学者の活動に依存することがきわめて大きいと考えている。そして現在、女性科学者のおかれている状況の暗さのなかに、一条の光を投じ、いくらかでも彼女らを励まし、自然科学の発展に貢献できるように支援することができればと願っている。」

本会設立後、猿橋先生は専務理事として2007年9月に亡くなられるまで、その裏方の仕事に徹し、献身的に会の運営に当たってこられた。その中で、猿橋先生は猿橋賞を将来にわたって確実に続けられるようにと、文部省(現・文部科学省)から公益信託の許可を受けるために奔走された結果、1990年3月13日に「公益信託・女性自然科学者研究支援基金」が文部省から認可された。この支援基金は、猿橋先生ご自身の1500万円で発足し、ほとんど同時に、東京府立第六高等女学校(現・東京都立三田高校)同級生の井口国子氏からの1500万円、恩師三宅泰雄氏(故)250万円のご寄付が追加された。現在、猿橋賞の賞金は、主としてこの資金から支出されているが、その後も、藤原康子氏、新井田直美氏、藤野冷子氏(故)等は、猿橋先生の事業に賛同して、高額の寄付をしてくださっている。また、猿橋先生の志に基づく事業の実務を支えたのは、帝国女子理専の同窓生および気象研究所の同僚や後輩であった。特に金沢照子氏(故)は猿橋先生の片腕として、献身的に事業を支え、また気象研究所海洋研究部長を退官された鷺猛氏は発足当時の事務局で采配をふるった。

２００６年から文科省では、女性研究者の数を増やすために「科学技術分野における女性の活躍促進」に思い切った大型予算をつけるようになり、大学・研究所等で女性研究者の支援が始まっているが、当会の創立時には、女性科学者を正当に評価する雰囲気は希薄だったと言える。そのため創立の趣旨は、立派な業績をあげていても、女性なるがゆえに低い地位に置かれている女性科学者の未来に一条の光を当てることであった。そのおもな事業として優れた業績をあげた自然科学分野の女性研究者に学術賞(猿橋賞)を贈呈することであるが、50歳未満としているのは、その後定年までのおよそ10～15年間、研究のさらなる発展を期するとともに、後進を育てることにも尽力していただきたいという願いが込められている。自然科学分野の学会や個人から推薦された候補者について、選考委員会で慎重な選考が行われ、毎年一人が選ばれる。猿橋賞の本賞は「賞状」であり、副賞として30万円が添えられている。授賞式は、毎年5月下旬の土曜日に、東京霞が関ビルの東海大学校友会館で行われている。毎年の受賞者は、各新聞紙上に取り上げられ、「ひと」や「顔」の欄でも、その研究業績とともに紹介されてきた。40回目の２０２０年はｗｅｂを通しての発表となったが、例年同様各新聞紙上で紹介され、優れた女性科学者が活躍していることを、人々に知っていただけたと思う。

また、受賞者の研究をさらに広く知っていただくために、猿橋賞の発足から、10年目、15年目、20年目に猿橋先生のリーダシップにより、これを記念する書籍が出版されてきた。

・10周年記念『女性科学者に明るい未来を』湯浅明・猿橋勝子ほか著（ドメス出版、１９９０）

・15周年記念『女性科学者21世紀へのメッセージ』湯浅明・猿橋勝子編（ドメス出版、１９９６）

・20周年記念『*My Life: Twenty Japanese Women Scientists*』古在由秀・川島誠一郎・富永健・久留都茂子・猿橋勝子編（内田老鶴圃、２００１）

『*My Life*』は、受賞者20名の研究者としての人生を綴った全英文のエッセイ集。国外の方々にも知っていただくために、国内外の図書館に広く寄贈された。このとき、当時の皇后美智子さまから御励ましいただき、謝辞が述べられている。

猿橋先生の没後には、先生のご遺志を継ぐべく以下の本が出版された。

・『猿橋勝子という生き方』米沢富美子著（岩波書店、２００９）

猿橋先生が、気象研究所在職中にアメリカによるビキニ環礁核実験後の死の灰の分析など、卓越した研究業績をあげられたことに焦点を当ててまとめられた。

・30周年記念『女性科学者に一条の光を――猿橋賞30年の軌跡』「女性科学者に明るい未来をの会」編（ドメス出版、２０１０）

猿橋賞発足40周年に当たり、本賞のこれからの途を探るべく『*My Life*』後の受賞者20名の研究者としての活躍を紹介することとした。発足当時に比べると、最近の受賞者では、大学の助教授（准教授）、講師の方が多いが、このこと自体が若い女性研究者の裾野が拡がっていることを意味していると言えるのではないか。こうした女性研究者の活躍が、続く若い女性研究者への指針になることを期待し、この記念誌もそのための一助として役立つことを念願している。

これからも、本会の趣旨に賛成して下さる方々からの、相変わらぬご支援をお願いしつつ、前書きとする。

２０２０年12月

一般財団法人　女性科学者に明るい未来をの会

会長　石田瑞穂

目次

興味に支えられて

（第21回）永《なが》原《はら》裕《ひろ》子《こ》

■はじめに

私の研究は惑星科学といわれる分野である。太陽系には八つの惑星があるが、生命が存在できるのは地球だけである。火星は過去に表層に流水があったことは知られているが、現在は乾ききっており、大気もごく薄い二酸化炭素で、地球と同じ原理の生命が存在できる環境にはない。水星は太陽に近いため表層温度は太陽に面する側の７００Ｋ程度から裏側の１００Ｋ程度と大きく変化する。また、質量が小さいため大気は存在できない。金星は90気圧もの二酸化炭素大気に覆われ、極端な温室効果のため平均温度は７３０Ｋ以上である。木星と土星は水素やヘリウムのガスが表面を覆い、地球のような〝地面〟は存在しない。天王星と海王星も水素やヘリウムのガスが表層を覆うが、内部にむかうほどメタンやアンモニアの成分が高くなる。太陽系の質量の99・9％は太陽が占め、すべての惑星をあつめても0・1％にしかならないのに、どのようにしてこれほどの多様性が作られたのか、というのが惑星科学という学問の中心的課題である。最近では、太陽系以外に生命の存在する惑星はあるのか、実際にそれを発見しよう、ということももう一つの中心的テーマであるが、近くで観測できず、物質が手に入らないものを理解するには、まず太陽系の理解が大前提である。

この多様性が作られたのは太陽系が形成された現在から46億年前にその原点があり、その頃に太陽系の内部でどのような物の動きや変化がおきていたのかということを、実証的および理論的に研究するということに私は従事してきた。ただし46億年前のことであるから、いくら研究をしても、事実を完全に証明することはできず、さまざまな傍証を積み上げ、現在の姿と合わせ、もっとも矛盾なく知りうる限りの事実を説明できるストーリーをくみ上げるのがこの分野の研究の特徴である。すなわち、大部分が46億年前から45億年前あたりに起きた歴史を紐解くことである。ただし歴史といっても、すべては物理現象と化学現象の複雑な相互作用の結果であり、基本的には物理学と化学の基礎の上に成り立っている。

■偶然の積み重ね

さて、私がこのような研究の道に進んだのは、子供のころからの興味を持ち続けたわけではなく、偶然の積み重ね以外のなにものでもない。高校生どころか大学が終わるまで、将来自分が何かになることを考えたこともなかった。ただし今になってみると、その偶然のきっかけは高校生の時代にあるかもしれないと振り返ることができる。高校生時代、夜空の星がきれいなので天文部にでも入ろうかと、そのドアをたたいたことがあった。しかし昼間のことなので、夜空の星を望遠鏡で眺めることは不可能で、先輩は太陽の黒点をみせてくれた（もちろん望遠鏡で直接見るわけではないけれど）。愚かにも太陽はわれわれのもっとも身近な恒星であることさえ理解していなかった私は、夜空に輝く星とは別の話をされた気分になり、別のサークルに入ろうとそのドアを後にした。そのときたまたま隣にあったのが山岳部で、ふらとそのドアをたたき、そのまま入部することを決めてしまった。そして私の高校生時代は登山一色となり、大学の進路決定も、山と関係のありそうな地球科学を選択することにした。大学生時代はもっとも多いときは年間に100日山に行っていたこともあり、ほとんど勉強をせずに時間が過ぎていった。

ところが大学4年生になって卒業論文のために自分で何かを調べ、データを取り、その

図1　大学生時代厳冬期の南アルプスにて（1972年）。

結果を用いて何かを考えるということを経験し、その過程のおもしろさに驚き、研究を続けたいと思うようになった。2年間の修士課程では研究に集中し、全力を投入していたが、自分で決めた研究テーマそのものに納得できず、学会で興味をもった研究をやっている研究者を訪ね、話を聞くということを繰り返していた。修士修了後いったん学会誌の編集の仕事に携わったが、もっと勉強したい（研究したいではなく）という思いが強く、怠けていた大学時代を思い起こし、ゼロからやり直そうという決断をし、1年間の研究生を経て修士に入り直した。そのとき選んだのは、地球のマグマの成因についての研究で世界のトップを切り拓いていた研究室であった。地球科学の大部分が経験に基づき定性的な思考しかしていなかった時代に、そこでは地球の現象における物理と化学の相互作用のもたらすものを研究していたのである。自分も物理と化学を用いたマグマの研究をしようかと、その研究室を選んだのだった。なおこの段階で、大学院では博士課程まで研究を続けるという意志は堅かった。どうしてそのように決めたのかと尋ねられても、これまた特に理由はなく、やり直すからには完結したい、というくらいの理由であった。

ところが、やり直しとなった私の修士課程の研究テーマは、なんと隕石の研究であった。教授からやってみないか、と言われたのがその理由であるが、教授をはじめ研究室の他の院生がやっていた地球のマグマと関連するような研究とはまったく異なり、それどころか教授自身も実はまったく知識も見込みも何ももっておられなかったのである。その結果、私はありとあらゆる基礎的な知識を自分で勉強して獲得するしかなかった。今の時代には考えられないことだが、当時は、というかその研究室はそういう場所だったのである。しかしこれが私の人生を決することになった。自分一人で勉強し、テーマを決め、具体的に計画し、実際に研究するということを、他の院生たちも皆それぞれやっていた。彼らは日本中から集まってきた強者ばかりで、個性も強く、他人の研究にもぐいぐい入り込み、徹底した議論をする。そのような大学院生時代が、その後の私を作ってくれたと思っている。ゼミで学年が上か下かも無関係に院生たちから（教授からではない！）厳しい質問にさらされ、下手をするとゼミは夕方から夜まで続くという修羅場を経験したおかげで、学会で発表することがまったく怖くなかった。どこに出てみても、日々の生活の場がもっとも厳しかった。博士論文の学位審査すら、審査員の誰より自分がよく知っている、よくわかっているという確信があり、一切の緊張もなく乗り切ることができたほどである。

大学院の5年間は研究に没頭した。新しいことがわかることのおもしろさ、一つ何かがわかると、さらに次の疑問が生まれ、それを追求すると、さらなるやるべきことが見えてくるという繰り返しで、あっという間に5年間が終わってしまった。

■研究者として

たまたま修士課程の終わり頃におもしろい発見をし、論文を投稿したところ、『ネイチャー（*Nature*）』誌にレビューアーの批判すらなくそのまま掲載されるという、今では考えられないことを経験した。おかげで、博士課程を終えると日本学術振興会奨励研究員（現在の特別研究員の前身）に採用され、一切のノルマがなく研究に没頭できるというありがたい環境に身をおくことができた。それに先立ち、博士課程3年の秋に、まさに自分の研究内容そのものをテーマとするワークショップがアメリカ合衆国ヒューストンで開催され、博士論文の執筆をしなくてはいけない時期ではあったが、参加することにした。現在とちがい、当時は円は安いし、若い人を対象とした海外渡航費の制度や民間の支援などもなく、院生が海外の学会に行くなどということは容易ではなかった。指導教官が見ず知らずの現地のオーガナイザーに手紙を書いて、経済的サポートをしてくれないかと尋ねたところ、親切にも旅費をすべて出してくれるということになり、生まれて初めて海外に行くことになった。このワークショップへの参加もまた、私の人生を決したできごとであった。日本では考えられないような白熱した議論、初めて出会った人であっても、サイエンスという共通のテーマであっという間に親しくなることができることは驚きであった。実は、当時の私は英語を話すのも聴くのも初めて、個人的に話しかけてもらっても何を言われているのかもわからず、ろくに返事もできなかったのだが、それにもかかわらず、ニューメキシコやロサンゼルスの研究者が、ぜひ自分の研究室に寄ってゆけと誘ってくれ、予定を変更してアメリカ国内を転々として帰国するという結果となった。ネットもメールもない時代に、英語を聴くことも話すこともできない院生にどうやってそのようなことができたのかと今となっては不思議だが、あらゆる経験が刺激であり、研究の道を突き進むことの楽しさの一つであった。

奨励研究員を1年やった後、助手（現在の助教）に採用され、ほぼ10年程度の間隔で助教授

(現在の准教授)、教授と肩書きは変わっていったが、研究をすると世界が広がり、新たな興味がわき、そちらに突き進むということの繰り返しで研究テーマをどんどん変えていった。当初は隕石の研究でスタートし、隕石に記録された太陽系初期の出来事やその条件についての情報を抽出するというスタイルの研究を行っていたが、必ずしもしっくりしないそのスタイルの研究は徐々に比率を小さくしていった。その後は真空中での鉱物の蒸発・凝縮実験に没頭した。初期の太陽系は真空に近い圧力の低い空間で、地上とは異なる物理化学現象が支配している。物質の状態変化の速度を決定したり、その結果を用いて、当時どのような物質の化学的変化がおきたのかをモデルを用いて検討するという研究である。自分で装置を設計し、朝から晩まで実験室にこもって試料の準備から実験、結果の分析などを行って、もっとも研究に没頭した時期である。

図2　新しい実験装置の前で研究室の仲間たちと。前列右から2番目が筆者（2004年）。

ちなみに、初期の太陽系の「圧力が低く、温度が高い」という環境は、物理的条件としては本質的に矛盾するもので、いかにしてそのような矛盾する条件を達成するかそのものが研究の大部分であった。

なおこの一連の仕事は、2018年になってやっとまとめの論文として出版することができた。さらにその後は、太陽系の初期進化の段階で、時間の変化とともに太陽系のさまざまな空間がどのような化学的性質をもつかを理論的に検討するということを研究している。その思考は個別太陽系にとどまらず、宇宙一般で恒星の誕生や死滅の際に起こる物理現象と化学現象の相互作用そのものを考えるのと同じことであり、惑星科学から天文学につながる内容でもあった。この試行錯誤はいまだに続いている。

このように、私は一つのテーマを長く追求し続けるのは得意ではなく、興味の赴くままに新しい内容にチャレンジし続けてきた。今となってはそれぞれのテーマをもう少し追求しておけばよかったと思うことだらけだが、知識の幅が広がることは理解の幅が広がることにつながっており、そのおもしろさで走り続けたというのが実感である。

■猿橋賞など

2001年、猿橋賞を受賞させていただくことになった。まだお元気であった猿橋勝子先生に事務所でお目にかかり、猿橋賞が女性研究者にとっていかに重要な意味を持つのか、その心得等を丁寧に説明していただく機会があった。女性研究者など一人前の扱いをされなかった時代を戦ってこられた先生の言葉は大変な迫力であった。活躍されている諸先輩方もまぶしい限りであった。先生にお教えいただいたのは、猿橋賞は、中堅の女性研究者を対象とした賞で、残る研究者人生においてさらに研究を進めるとともに、後進の育成のために尽力するようにという主旨であるということであった。

猿橋賞の社会的位置づけは高く、それを機にそれまで経験したことのない研究以外の世界に関わる機会が飛躍的に多くなった。行政にかかわること、民間の懇談会などは、研究とは異なる世界がどういう価値観で動いているのかを知るよい経験となった。さらには、学術会議や、他の大学や研究所に関わる仕事も増え、自分の研究とは異なる分野の研究を知ったり、異なる分野の研究者と知り合いになる機会が得られ、これは私の視野を広げ、研究テーマを広げることに大きな役割を果たした。自分が主として関わってきた研究分野がどのような特性をもち、今後どうあらねばならないかを考える機会ともなった。

図３　国際学会会長として学会賞の受賞者と握手（2010 年）。

他方、猿橋賞よりもはるか以前に、別の賞をいただく機会があった。そのときは生まれて間もない子供の世話に明け暮れ、自分が研究の競争から取り残されるのではないかという不安のようなものをかかえていたときであったため、推薦や応募というシステムではなく、一方的に私を探し出して賞をくださったことに大変励まされた。困難にぶちあたった時期や人生の転換期にいただく賞というものは大切な意味を持つことになる。

年を重ねるにつれ、社会的に果たす役割も多様になった。学会などのオーガナイザーのような研究に関わることは自らの関心が基礎になっているので、楽しい要素もあるが、国際学会の会長とか、委員会の委員長などのように、自ら望まないにもかかわらず、人々と議論したりまとめたりする仕事は神経を使うことが多い。

ただし、それらの経験は、国際社会で一人前と認められるためには黙って座っていてはいけない、どんどん手をあげて発言しなくてはいけない、意見がまとまらないときは、ある程度の議論をしたら、日本人の感覚ではやや強引とも思えるやりかたで議論をまとめなければ、委員長としては無能と思われる等、学んだことは多い。ただし、そうして学んだ国際感覚は、日本人だけの場では通用しないことが残念ながら日本の現状である。

■若い人たちに

中学生や高校生に、よく考えて自分の進路を決めなさいということがしばしば言われている。小学生に対しても、大きくなったら何になりたいかという問いがしょっちゅう投げかけられる。しかし、何事もやってみなくてはわかならないのである。経験がないものをいくら考えても深い思考はできない。若い人たちに伝えたいことは、とりあえず自分なりに考えて何らかの選択をしたら、とにかくそれを必死にやってみる、ということである。やってみるとどんどんのめり込むかもしれないし、逆にまったくのめり込めないかもしれない。のめり込めないなら、別の選択をすればよい。子供時代に描いた夢で走り続けられる人もいるけれど、まったく違う人生を歩むのが大部分である。選択したこと、決めたことを石にかじりついてもやり通しなさいという文化が日本では強く、その結果ストレスを抱え込むことになる大学生や大学院生にたびたび出会ってきた。しかし、どんなこともやってみなければわからないし、やってみると適さないということも多いのである。また、好き嫌いと適性ともまったく無縁のものである。ただし、必死にやらず選択のやり直しをしても、また同じことの繰り返しとなるので、必死にやることが大前提である。

また、方針転換や異なる選択は、そのたびに勉強したり学んだりしなくてはならないことが膨大に出てくる。その苦労を厭わぬことも重要である。特に研究者についていうなら、それまでの研究をまとめ、新しい重要なテーマを発掘する勘にも近い能力、実際の研究計画を立てる能力、計画を実行する能力・忍耐力、結果をまとめ新しい説を打ち立てる能力、およびそれを口頭および論文としてまとめ、他の研究者にそれを認めさせる能力などが求められる。努力により獲得できる能力と、天性の能力が必要なものがある。自分のそれらの能力を見極めるためには卒業論文、海外留学など異なる文化での経験は貴重である。最近の大学では留学をはじめ多様な経験の機会をあたえてくれることも多く、ぜひいろいろな経験をすることを勧めたい。なおこれらのことは性別は関係なく、一人の人間として生きてゆく基礎となるものである。

略歴

１９８３年　東京大学大学院理学系研究科地質学専攻博士課程修了（理学博士）

１９８４年　東京大学理学部助手

１９９２年　東京大学理学部助教授

２００１年　東京大学大学院理学系研究科教授

２０１７年〜現在　東京工業大学地球生命研究所フェロー、日本学術振興会学術システム研究センター副所長

受賞歴

２０１５年　J. Lawrence Smith Medal, National Academy

２０１６年　Leonard Medal, The Meteoritical Society

２０１６年　紫綬褒章

著書・論文

Evidence for secondary origin of chondrules. Nagahara, H., *Nature* 1981, 292, 135–136

Kinetics of gas-solid reactions in the solar system and beyond. Nagahara, H., - In *Reviews in Miner-*

alogy 2018, 84, 461–497

『比較惑星学』（新装版　地球惑星科学12）、松井孝典、永原裕子ほか著、岩波書店、２０１１

学会・社会活動

２００５～14年　日本学術会議会員

２００９～10年　President, The Meteoritical Society

２０１５～19年　日本学術振興会学術システム研究センター主任研究員

猿橋先生との出会い　そしてその後

（第22回）眞行寺《しんぎょうじ》千佳子《ちかこ》

■序論：猿橋勝子先生の思い出

先生が亡くなられたのは2007年10月でしたが、その2年くらい前から羽村の介護施設にお住まいでした。2006年の3月（図1）と5月にも会いにうかがいましたが、それから約1年ぶりで2007年4月30日にうかがった折、写真がお好きだった先生がいつものように記念撮影を希望されました。職員の方にお願いし、ご自宅から運ばれたお気に入りの本が並ぶ書棚の前で撮影したのが懐かしい猿橋先生との最後の記録です（図2）。2006年3月は、先生のお誕生日22日の前日にプレゼントを持ってうかがいました。このときの穏やかな微笑みも、また翌年4月にお会いしたときの独特の鋭い眼差しも、忘れがたい思い出として私の記憶に深く刻まれています。先生は、ご記憶が徐々に遠ざかる中、現在と過去との間を揺らぎながらも、教育・研究について、ご自身の信念、そして猿橋賞受賞者たちの行く末への期待と不安、そして感謝を繰り返し語ってくださいました。私の帰りの時刻が近づくと、玄関ホールまで一緒に行きましょうと言ってくださいました。先生の手を引いてゆっくりと歩みを進め、タクシーがまだ到着していなければよいのにと念じながら、さらにゆっくり進みました。先生の細く長い指がしっかりと私の手を握りしめてくださいました。夏になったらまたうかがうとお約束をしてタクシーに乗り羽村駅に向かいました。先生は、玄関ホールに立ったままタクシーが見えなくなるまで手を振って見送ってくださいました。夏への思いは叶うことなく、この訪問が先生との永遠の別れとなりました。

図1　2006年3月。猿橋先生のお部屋で、1日早い先生のお誕生日をお祝いして記念撮影。

先生との初めての出会いは某助成財団の立食パーティーの席でした。現在、生命誌研究館館長で当時は三菱生命科学研究所長であった中村桂子さんにご紹介いただきました。女性科学者の現状などについて話が弾みました。猿橋先生は、初対面の私の意見にもしっかりと耳を傾けてくださり、議論でも本質を重ん

図2　2007年4月。猿橋先生を訪問。3時間近く語り合いました。この写真が最後の記念撮影となってしまいました。

じる方だとの強い印象を受けました。猿橋先生は私にぜひ猿橋賞に応募してくださいと声をかけてくださいました。それから数年後に応募の機会を得、実際に受賞という幸運に恵まれました。受賞内定後、高円寺の事務所を訪問したり、幾度も電話でお話をする機会を得て、何事も真摯にかつ全力で進めるという考えと、その努力の姿勢など、先生のことがとても好きになりました。お節介でしかも心配性の私は、先生の危険な一途さに思わず先走ってブレーキをかけ、叱られたことなども何度かありましたが、先生も次第にそういう私の慌て者気質を受け入れて楽しんでくださっている様子でした。私は先生の生き方、考え方が好きでしたが、先生がご自身のお考えを実際の行動で表しさらに社会的活動にまで発展させる、という信念を貫かれたことを何よりも深く尊敬しています。

受賞者の一人として、研究者としての私の歩みを文章として残す機会をいただきました。私の記録を書き留めるとともに、私が猿橋先生にかかわらせていただく幸運を得た5年間に学んだことについても触れたいと思います。

■研究者への歩み

私が研究者を志したのは、おそらく5歳頃であった気がします。内科の開業医であった祖父に影響され、さらにもともと理論物理学を志したにも関わらず、戦争という時代の波に飲み込まれ、結局は外科医となった父からはさらに大きな影響を受けました。どのような専門を志すかということがどのように生きるかという道を決定づけるという話を小学校入学前から聞かされていました。科学（理科）と論理的思考に惹かれていた私ですが、病弱であったため、祖父の考えで幼稚園にはいかず、自宅の医院を支える多くの人々のさまざまな影響を受けて育ちました。小学校入学時には、すでに理系の勉強をしたいと語るような子供だったそうです。小学校2年生くらいのとき、将来の夢（なりたい職業）という質問に「生理学者」と答えて担任の先生を驚かせたとの話が家族の語り種になっていました。まだその頃はいわゆるノーベル医学生理学賞の正式の名称が、「ノーベル生理学・医学賞（Nobel Prize for Physiology and Medicine）」とは知らず、生理学は医学に順ずる素晴らしい学問らしいと憧れを抱いていました。

実際、生理学は実験生物学の基礎をなす重要な分野であり、生命の根幹をなす機能の謎を仮説・検証に基づく論理展開を礎として解明することを目指す学問です。理屈なしでは納得できない性格であった私には大変魅力的な分野でしたが、どこで何を学び、さらにはプロとして何を研究テーマとするかについて、もちろんその頃にはまったく考えもおよびませんでした。その場その場で最善の選択をするというのが私の生き方の基本姿勢でした。とりあえずは夢中になって勉強しました。生理学者になりたいという小学生の夢を慮り、それを叶えるにはある程度自由度の大きな環境を選択すべきだろうという両親の配慮で、桜蔭と雙葉の中学受験に挑戦しました。理系進学を心に決めていながら、2校の合格通知に迷った末に、カトリックの教育という未知の体験を選択して雙葉で学びました。

この選択は、のちに私の人間性を広げただけでなく、教育観に大きく影響したことは言うまでもありません。特にカトリックの精神に基づく理念の元に、女子教育に深い情熱を注がれた（シスター）高嶺信子校長様と出会えたことは、女性である私が職業を持ちながら生きていく上で重要な出来事でした。校長様は私にとって最初のロールモデルでもありましたが、シスターが学校運営にご苦労された道を追体験するかのように、私の決断した雙葉の選択は、以後の茨の道へと導く入り口でもあるとは思ってもみませんでした。

しかし、それは同時に、私らしい人生を切り開くにふさわしい入り口でもありました。女性が職業（しかも理系の）を持って子育てもしながら生きていくというのは当時、決して当たり前の姿ではありませんでした。どこまで自分探しを許されるか、常に父の表情から推測しながら羽を広げる試みをしていたように思います。その最初の冒険が、高3の4月に手にした思いがけない体験への夢の切符でした。幼少から習っていた日本舞踊の発表会が、なんと国立劇場で、しかも人間国宝の方が率いるお囃子方の元に行われるという滅多にないチャンス、この貴重な体験を私の人生の1ページに加える決断をしたのが高1の秋です。猛練習の日々を1年余り走り続け、仲間が猛烈にチャージをかけている受験勉強は浪人の1年間に託し、思い出に残る舞台で「島の千歳」を舞いました。舞踊のプロになろうとは考えてはいませんでしたが、一流を目指すことの厳しさと歓びを味わえただけでなく、自分の力を出しきるにはどうすべきかが見え、自信を実感する稀に見る体験でした。この長い寄り道を経て、計画通り(?)駿台予備校での浪人生活となりましたが、東大の理科2類を受験するという新たな選択が生まれ、私の後半の人生の道が見えてきました。

東大では専門領域の教育を受けるのは2年生の秋からで、その進学先は成績によって振りわけられます。東大に入った頃を思い起こしてみますと、はるか小学生のときの生理学への憧れはすっかり薄れていました。しかし、進学振り分けで本郷キャンパスの動物学のコースに進み、動物学のカリキュラムに組み込まれた動物生理学の講義と実験を体験したとき、私の憧れは現実のものとなったことを実感しました。大学院修士課程では、迷うことなく動物生理学の研究室を選び、細胞生理学者としての道を歩み始めました。この研究室が、国際的に細胞生理学の基礎研究をリードしていることを知ったのは、ずっと後のことです。研究を始めて半年後の修士課程1年の1月に最初の発見を『ネイチャー(*Nature*)』誌に論文発表(1977年)。このときの国内外から届いた多くのお祝いのメッセージ、その数か月前に日本動物学会の広島大会でその内容について口頭発表をしたときの満員の聴衆の熱気は、私の研究者としての強烈な第一歩を演出してくれました。

■研究テーマ

大学院で出会った研究テーマ「細胞運動（鞭《べん》毛運動）のメカニズムの解明」が私の研究者としての生き方を決定したと言えるかもしれません。生体を形づくる単位である細胞がその役割を果たすには、細胞の中で繰り広げられるさまざまなタンパク質の運動が必要です。研究を進めるにつれ、細胞の「動き」の仕組みを解明することにより生命を理解する道が見えてくるという予感に、戦慄を覚えました。

博士課程1年の1月から（大学院は中退して）助手となり、その後独立研究者（PI）として研究室を主宰することになりましたが、その間おもな研究対象としたのはウニ精子の鞭毛運動です。ウニの精子は、ヒトの精子などと同じように、鞭毛により波打ち運動を行い、卵に向かって遊泳します。その運動は、1秒間に40回以上という高速振動であり、鞭毛基部で屈曲波が次々とつくられて先端へと伝播します。鞭毛の直径は0・2㎛、長さは約50㎛で、「9＋2」構造と呼ばれる美しい格子構造をしています。タンパク質の管状繊維である微小管が中心に2本、それを囲むように9本の複合微小管（ダブレット微小管）が配置しているためそう呼ばれます。ダブレット微小管上にはダイニンと呼ばれる腕のような突起が周期的に並び、隣のダブレット微小管と相互作用します。ダイニンは、1分子のタンパク質でありながら、ATPの加水分解によるエネルギーを使ってその形を変化させて力を出す分子モーター（ナノマシン）なのです。ダイニンの動きは、隣り合うダブレット微小管の間に滑り（ずれ）運動を起こし、それがどういうわけか鞭毛の高速振動をひき起こします。

鞭毛運動機構の最大の謎は、どのような仕組みで高速の波打ち運動がつくり出されるのかということです。鞭毛もタンパク質の集まりですが、外界からの情報に反応して秩序だった動きをするように見えます。しかし、そこには脳神経と筋肉のようないわゆる命令系は存在しません。ダイニンにも鞭毛にも、それ自体で動きを制御する機構が組み込まれているのではないだろうか。私たちはこのような発想の元にその未知の機構を明らかにすることを目指して、いくつもの実験を行ってきました。その結果、ダイニンにより屈曲がつくられる仕組みを明らかにし、ダイニン1分子の発生する力が振動することを発見（1998年）しました。この成果が、2002年の猿橋賞受賞の対象となったのです。その後ついに、鞭毛が振動する基本的メカニズムの解明に成功し（2003、2004、2007年）、さらに、鞭毛が屈曲という力学情報に応答して自律的に振動の状態を変化させること、その変化のきっかけはダイニン1分子に起こること（2015年）を突き止めました。鞭毛全体の振動は、ダイニンの反応を反映したものであろうということは想定していましたが、実際に証明してみると、タンパク質に内包される単純で精緻な自律制御の仕組みは見事でした。タンパク質が動くというのは本当に不思議なことであり、魅力的な生命現象です。優秀な大学院学生とポスドク、そして共同研究者に恵まれ、彼らとともに続けてきた研究室としての謎解きの旅は、2018年3月の東京大学定年退職で公式には終わりました。研究は、5合目を越えたくらいまで来たのかもしれませんが、また新たな謎も出てきました。1976年に修士課程で鞭毛運動の研究を始めてから42年を経てなお解き明かされていない謎の多さに、この研究から離れがたい思いに駆られます。

■猿橋賞受賞、そしてその後

2002年5月に第22回猿橋賞を受賞しました。受賞式の数週間前に行われた記者会見で、猿橋先生からひどく叱られたことをときどき感慨深く思い起こします。新聞各紙の科学担当の記者や内外の最新情報担当の記者からのさまざまな質問に答えていますと、「研究内容の説明が難しすぎる」と数十人の記者の後方の席にお一人でじっと見ていてくださった先生が、大きな声で叫ばれました。その日から約6年に及んだ数々の取材、インタビュー、ラジオやテレビ出演、そして省庁の審議会出席等々…研究内容の説明をするたびに先生のお叱りの声を思い出しながら、科学の魅力と基礎科学の研究の重要性、現在の日本の抱える女性科学者に関するさまざまな問題についていかにしてわかりやすく語るかを考え続けました。

研究の話をするときは、それまでも同様の心がけをしてはいましたが、猿橋先生の徹底した戦法とも言えるような姿勢に接し、私の中途半端な態度が効果を半減させていることに気づきました。記者会見が始まる直前に、某大手新聞社の新人科学部担当者が、私にそっと小声でこう尋ねました。「入り口でプリントを配っているおばあさんは誰ですか?」私は仰天してしまいました。それは他ならぬ猿橋先生でしたから、「猿橋賞の創設者の猿橋先生です」と小声で答えると、その男性記者は、目を丸くして、声が出せない様子でした。先生は、自己紹介などなさらず、裏方に徹して、私の経歴を書いたプリントを記者たちに配布し、記者会見が終わるまで怖い表情を崩さぬまま、私を見守ってくださいました。後で知ったことですが、先生は、賞を創設なさってから、この賞の意義と受賞者の活躍を応援するためのいくつもの戦法をとられていたのです。マスコミに正確な情報を流し、広報を要請することもその一つでした。このような努力により、猿橋賞の名称が広く知られるようになっただけではなく、受賞者の業績を広め、その受賞者に対する高い評価にも反映されることとなったのです。賞をいただいた責任は大変重いものであり、受賞後の数年の忙しさは想像を超えていました。受賞者にもたらされるという「猿橋効果」であったのかどうかはわかりませんが、受賞者としての責務を果たす過程で得たものは計り知れないものでした。

■今後の展望、そして後輩の皆様へ

多くの研究は、その学術的追求に長い時間を要します。大学で研究室を運営できるのは、長くてもせいぜい40年。現在推奨されているような流動性に従うと、落ち着いて一つのテーマの研究を続けられる期間は思いのほか短く、成果をつみあげていくのは非常に難しいように思われます。このような状況の下で科学者にとって持てる能力を十分に開花させるために必要なのは、個人の努力と研鑽だけではなく、研究環境と支援体制、そして理解ある研究仲間の存在が必須であると思います。私たち研究者は、残念ながら研究以外の活動についてその手法を学ぶ機会はありません。研究者として成長するだけでも大変ですが、大学教員として教育研究に携わるには、さらに教育の手法については自分で勉強せざるを得ません。個人として優れた能力を持つ方々の存在はもちろん歓迎すべきことですが、それは初期段階であって、もっと大きな集団としてより多くの人々が深く広く優れた能力を得られるようにすることが結果として能力を持つ人々を幸せにすることにつながるのだろうと考えます。猿橋先生が、猿橋賞の受賞対象年齢を受賞決定時に50歳未満とされたのにはさまざまな思いを読み取ることができます。

猿橋先生のように、優れた女性研究者に光を当ててその飛躍を、退職金を投じてまで支援しようという思い切った行動は誰でもが取れるわけではありませんが、情報共有のネットワークを作る、あるいは、教育のプログラムの基本モデルを作るなど、やれることはいろいろあるように思います。日本では、制度構築にひどく時間がかかることが多く、ようやく制度ができるとその効果を生かせないうちに制度が陳腐化することがしばしばです。制度設計が苦手な国のようです。男女共同参画社会基本法も女性活躍推進法も一定の成果はありましたが、人々がすぐにこれらの名称にも慣れてしまったためか、危機意識は低下し、国際的に認識の低さが依然としてさまざまな数値に残されているというのが現状です。東大在職中は女性科学者特有の問題の解決に尽力してきましたが、25年を経てなおさまざまなハラスメント行為は多く、解消どころか増えてさえいるように見受けます。女性の数が少ない結果、女性の訴える力が不足していることを実感します。一部の声の大きい人だけが潤う世界でよいのだろうか、と反芻すべきだろうと思います。

日本では、人権の尊重、個々の人格をありのままに受け入れるという姿勢が欠如しています。女性蔑視の根元もここにあるのでしょう。私自身さまざまないじめやハラスメントを経験しました。小学校、中学校、助手時代、そして助教授（准教授）になって研究室運営をしているときにも人前で辱めを受けるような体験をしてきました。いずれの場合も、その現場で救いの手を差し伸べてくれる人には出会えませんでしたが、幸いなことに（と言うべきでしょうか）、「陰で」そっと、自分はあなたの味方です、と応援意見を表明してくれた人物がどのいじめの際にも現れました。正義が通らない現実に嫌気がさしたこともありました。東大の教員をやめることを真剣に考えたこともありました。けれど、そのときに私の考えをリードした私の理念は、人間の弱さを受け入れ、正義を貫き通せる強さを持ち続けられる限り、教育現場に留まろう、というものでした。科学者として研究に携わるという幸運を得た私が教育現場で教育を通して科学の深淵の謎解きに学生とともに挑む喜びを、猿橋先生との出会いからあらためて再認識し、このような生き方ができることを心から感謝したいと思います。猿橋賞受賞者としてこのような場を与えられたことはうれしい限りです。

私ごとですが、２００７年に発症したパーキンソン病が、徐々に進行しています。命には運命付けられている限界があるという現実を日々認識しながら生きています。さまざまな矛盾を孕む現在の地球ですが、一人ひとりの努力と願いによって、何かを変えられると信じたいですね。情報技術（IT）の発達により世界は変わりました。みんなで情報を発信しましょう。猿橋先生の熱い思いを今一度思い起こし、後輩の皆さまの大きなエネルギーによる新たな歩みを期待してやみません。

略歴

１９７８年　東京大学大学院理学系研究科動物学専攻修士課程修了、同博士課程退学
１９７９年　東京大学理学部動物学教室助手
１９９２年　学位取得、博士（理学）（東京大学、論文博士）
１９９５年　東京大学大学院理学系研究科生物科学専攻助教授（２００７年より准教授）
１９９９年　東京大学総長補佐
２０１８年　東京大学定年退職
現在　東京農工大学大学院工学府生命工学専攻客員教授

受賞歴

２００２年　日本動物学会賞

論文

Local reactivation of Triton-extracted flagella by iontophoretic application of ATP. Shingyoji, C., Murakami, A. and Takahashi, K., *Nature* 1977, 265: 269–270

Dynein arms are oscillating force generators. Shingyoji, C., Higuchi, H., Yoshimura, M., Katayama, E. and Yanagida, T., *Nature* 1998, 393: 711–714

Dynein arms are strain-dependent direction-switching force generators. Shingyoji, C., Nakano, I., Inoue, Y. and Higuchi, H., *Cytoskeleton* 2015, 72: 388–401. (doi: 10.1002/cm.21232)

学会・社会活動

２００４～06年　文部科学省科学技術学術審議会委員

２００６～07年　日本比較生理生化学会副会長

２００３～06年、２００９～10年　日本動物学会評議員。２０１１～12年　同理事・評議員

天命に任せて、その中で人事を尽くす

（第23回）深《ふか》見《み》希《き》代《よ》子《こ》

■猿橋賞の威力

猿橋賞は２００３年、ちょうど東京大学医科学研究所から現在勤務する東京薬科大学に教授として着任した直後に受賞しました。当時猿橋勝子先生は大変お元気で、猿橋賞受賞者たるものは、といった心得をおうかがいしました。そのときの凜としたお姿が今でも忘れられません。私の受賞後２、３年で体調を崩されましたので、直接お話をした最後の世代になります。「猿橋賞」を受賞したことで、研究室の主宰者（ＰＩ）になったばかりの白い画用紙に多くのキャリアが描写されたと思います。ちょうどこの時期に女性（科学者）を公式な会議の30％程度入れた多様性が推奨されたこともあり、猿橋賞をいただいていなければ到底入ることのないだろう文科省や厚労省等の重要な委員会委員に名を連ねることになりました。そこでは大学等のトップクラスの委員のお考えをうかがう機会も多くあり、見識の深いリーダーたちのコメントは大変勉強になりました。彼方の空で我々を叱咤激励しているであろう猿橋先生に、「有難うございました」とあらためて感謝を伝えたいと思います。

■研究への道

さて私が「薬学に進もう」と、高校1年のときに決めた動機は、数学や化学が好きだったからにすぎません。その後、病院薬剤師として、または医薬品の開発等に関わることで病に苦しむ人々の役に立ちたいと考え、薬学部で学びました。そして卒業後4年間、慶應大学病院の薬局試験研究室で医薬品の開発に携わった後、10か月の長男の子育てのため退職しました。「寿退社」――今や死語になりましたが――結婚したら仕事を辞めるというのが当たり前の時代でした。産後休暇も6週間で、次から次に保育園でいろいろな感染症をもらうという現実はいつも綱渡りでした。仕事を辞めることにためらいがなかったわけではありませんが、辞めてホッとしたというのが本音です。それから専業主婦として3年ちょっと、2人の幼い子供たちと過ごす日々は本当に楽しいものでした。近年子育てにストレスを感じる方も多いようですが、一緒になって遊ぶ生活は毎日が発見の連続でこの間の思い出は私にとっては本当に貴重な財産になっています。そうした生活にまったく不満はなかったのですが、このままで将来も良いのかなあと考えた結果、年齢制限ギリギリの東京都公務員試験を受けることにしました。1歳と3歳の幼児を抱えた女性を一般の会社では雇ってくれないだろうと考えたからです。こうして再び、30歳になる直前に東京都老人総合研究所（現東京都健康長寿医療センター研究所）薬理学部助手として復職することになりました。

■ビギナーズラック

保育園のお迎えがあって研究に専念できない私に与えられた研究テーマは、皆がうまくいかずに放り出した小さなリン脂質PIP2に対する抗体作りでした。これはいわば戦力外通告ですが、周りが成果を厳しく要求されるなかで、自分のペースでゆっくりやらせていただいたことは有難いことでした。ダメモトのテーマでしたが、幸運が味方してくれて非常に良い抗体を作製することができました。その抗体を用いて面白い結果を複数論文としてまとめることができました（K. Fukami *et al.*, *Proc. Natl. Acd. Sci.* 1988, *Nature* 1992 他多数）。それらの成果により東京大学で医学博士の学位を取得し、ボスの異動に伴って私も東京大学医科学研究所に異動することになりました。ビギナーズラックとはこういうものかもしれません。研究を始めたきっかけは何ですか？と猿橋賞を受賞したときを含め何度か問われてきましたが、答えに窮してしまいます。病院薬剤師になるつもりで公務員試験を受けたのに、研究所で採用となった経緯を思えば、「なりゆきです」としか答えようがありません。少し前に女優・樹木希林が亡くなり、『一切なりゆき』

（文藝春秋）という遺作の本が出版されました。樹木希林の生き方にもっとも共感するのは50代、60代の女性だそうです。私もその一人です。なりゆきとは何もしなかったのではなく、大きな力に逆らうことはなかったけれど、与えられた状況を受け入れ、その中で一生懸命もがいて最善な選択肢を選んでいたのだと思います。

■リン脂質に魅せられて

私の専門は、「細胞の増殖や分化決定におけるイノシトールリン脂質代謝の役割」です。イノシトールリン脂質代謝は細胞膜直下の細胞内情報伝達系の一つです。巷では情報が氾濫していますが、ヒトの体を構成する組織器官内の一つの細胞内外でもたくさんの情報が飛び交っています。細胞の増殖を誘導する情報、分化を誘導する情報、ホルモンや神経伝達物質を放出する情報などです。細胞外からのこうしたシグナルは細胞膜上の受容体で受けとめられ、細胞内の必要な場所にどうやって送られていくかという情報の流れの道筋を明らかにするのが細胞内情報伝達です。こうした道筋のほんの少しの乱れで細胞は恒常性を維持できなくなる結果、ホルモン分泌の異常、運動障害、がんといった病気を引き起こします。私は、イノシトールリン脂質代謝の異常がどのような疾患に関わるかを明らかにしたいと思っています。特にがん細胞の増殖する性質、動きやすい性質、薬剤耐性の性質を解析することでがん治療に貢献したいと思っています。このテーマは、初めにイノシトールリン脂質に対する抗体を作製したときから、現在にいたるまで30年あまり変わっていません。

さて東京大学医科学研究所では、生命科学という競争の激しい分野に身を置くことになりました。東京大学医科学研究所に移ってからしばらく芳しい研究成果が出ずに悩んでいました。そこで、当時新しい技術として使われ始めた遺伝子欠損マウスを用いた個体での生理機能解析を行うことを決めました。学生時代、動物を使った実習は苦手で、ほとんど自分で触らずにいましたので、不安はありました。ただ細胞レベルでの解析では生理的なことがわからないという限界を感じていましたので、動物を使った解析が必要だと感じていました。これは大きな賭けでした。遺伝子欠損マウスを苦労して作製しても、表現系（異常）が出るとは限りませんので、何年かを無駄にするリスクはあります。ボスには強く反対されましたし、ラボ（研究室）自体でマウス実験の実績がなくいろいろ苦労はありましたが、イノシトールリン脂質代謝の要の酵素ホスフォリパーゼC(PLC)δ4遺伝子欠損マウスを作製しました。このマウスは雄性不妊を示しました。これまで受精分野とは無縁だったこともあり、いろいろな方のご協力を得て、PLCδ4が受精時の精子先体反応に必須であることを報告しました（K. Fukami *et al., Science* 2001, *J. Cell Biol.* 2003）。その後もPLCδ1の遺伝子欠損マウスが無毛となること（Y. Nakamura, K. Fukami *et al., EMBO J.* 2003他）などを見出し、イノシトールリン脂質代謝が表皮幹細胞の分化制御に重要であることを明らかにしました。それぞれのPLCアイソザイムが異なる機能を生体内で持っていることが実証されたことになります。

■研究室を主宰するということ

こうした成果が評価されて猿橋賞を受賞することができ、また2003年東京薬科大学生命科学部に教授として赴任することになりました。独立してラボを持つことで真っ先に心配したのは研究費の獲得です。生命科学分野の研究は非常に研究費がかかります。ましてマウスを使った実験を日常的に行うには、飼育代、飼育スペースの確保などをしなくてはなりません。当時科研費をはじめいくつかの大型の研究費は獲得していましたが、学生数も多いラボで十分な研究ができるかが不安で、着任前は明け方よく夢でうなされました。

東京薬科大学では、学部学生が多く研究室に配属され、また大学院生も多いため、教育機関としての役割が重視されます。それまでのように研究オンリーというわけにはいきませんでした。将棋でいえば「歩兵」さんが多く、個々の戦力としては弱いですが、「金」に成長して活躍してくれる学生も一定数あり、歩兵さんの数の多さも研究を支えてくれました。東京薬科大学では、PLCδ1を中心に解析を深化させ、ヒトの代表的炎症性皮膚疾患である乾癬やアトピー性皮膚炎に大きく関与する「皮膚バリア機能」にPLCδ1が重要な役割を持つことなどを報告しました（K. Kanemaru *et al., Nature Communication* 2012, *Cell Death & Differentiation* 2017 他多数）。またがん細胞の転移や薬剤耐性などの悪性化に関与する遺伝子の同定や、PLCδ1ががん抑制因子として働くことなども見いだすことができました（R. Satow *et al., Cancer Res.* 2017, *Proc.*

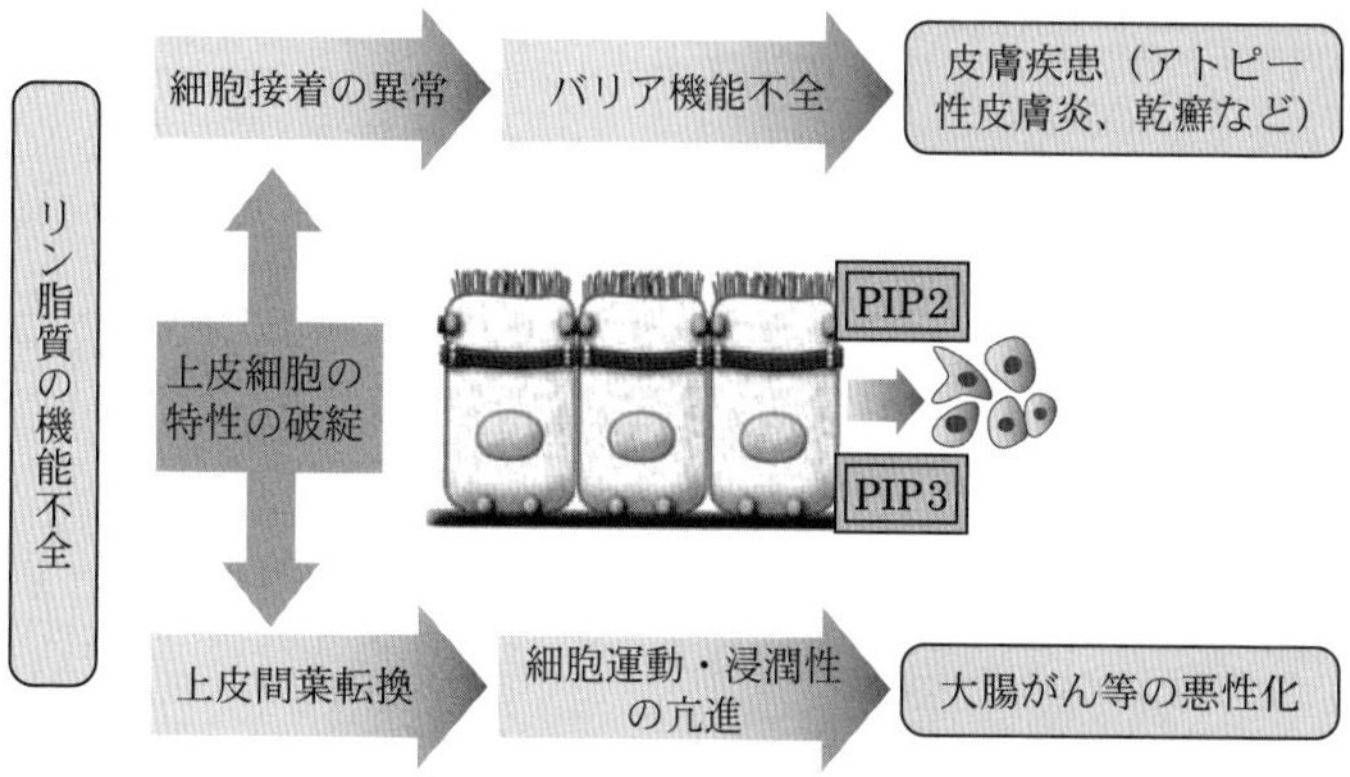

図１　上皮細胞でのリン脂質の機能不全は、皮膚疾患や大腸がんを誘導する。

Natl. Acd. Sci. 2014他）（図１）。現在は、治療薬開発に向けて多角的なアプローチを行っています。

このようにしっかりした結果を出せるのは、研究室のスタッフたちの協力と努力によるものだと思っています。東京薬科大学に異動して16年が経ちましたが、当初心配していた競争的研究費を途絶えることなく十分獲得し続けることができたことも、本当に有難いことでした。

■偶然と必然

定年までカウントダウンとなった昨今、「最後は自分の好きなことをやりたい」と研究室のスタッフたちに宣言し、小さなリン脂質ＰＩＰ２の研究を再開しました。30年以上前に作製した抗ＰＩＰ２抗体はここでも威力を発揮し、とても面白い結果が出てきています。うまくまとめて総括できたらと思っています。

「人事を尽くして天命を待つ」という言葉が好きですが、実際は「天命に任せて、その中で人事を尽くす」という状況だったと思います。思惑通りには行かないことも多かったと思いますが、競争の激しい分野に身を置いて、土俵際で持ちこたえたり跳ね飛ばされたりしながら、まがりなりにも研究者として年を重ねてこられたことは本当に幸せだったと思います。分水嶺で水がどちらに流れるかはギリギリのことが多いというのが実感です。これまで多くの指導者、共同研究者に恵まれてきました。一緒に研究をしてくれた方々、そして研究を支えてくれた家族（図2）や周りの方々に、心から感謝したいと思います。

図2　孫たちと遊ぶのが息抜きです。

略歴

１９７８年　岐阜薬科大学薬学部卒業

１９７８年　慶應義塾大学医学部薬局試験研究室研究員

１９８５年　東京都老人総合研究所薬理学部助手

１９９２年　東京大学医科学研究所細胞生物化学研究部　助手、講師、助教授

２００３年～現在　東京薬科大学生命科学部ゲノム病態医科学研究室教授（２０１２～16年　生命科学部学部長）

受賞歴

１９９５年　日本癌学会奨励賞受賞

２００６年　持田記念学術賞

論文

Antibody to phosphatidylinositol 4,5-bisphosphate inhibits oncogene-induced mitogenesis. Fukami, K., Matsuoka, K., Nakanishi, O., Yamakawa, A., Kawai, S. and Takenawa. T., *Proc. Natl. Acad. Sci. USA* 1988, 85, 9057–9061

Requirement of phosphatidylinositol 4,5-bisphosphate for α-actinin function. Fukami, K., Furuhashi,

K., Inagaki, M., Endo, T., Hatano, S. and Takenawa. T., *Nature* 1992, 359, 150–152

Requirement of phospholipase Cδ4 for the zona pellucida-induced acrosome reaction. Fukami, K., Nakao, K., Inoue, T., Kataoka, Y., Kurokawa, Rafael, A. Fissore, Nakamura, K., Katsuki, M., Mikoshiba, K., Yoshida, M. and Takenawa T., *Science* 2001, 292, 920–923

学会・社会活動

２０２０年度（第93回）日本生化学会大会、大会長

日本癌学会女性科学者委員会委員、委員長

日本学術会議連携会員、生物系薬学分科会委員

三世代の衝突型加速器とともに

（第24回）小《こ》磯《いそ》晴《はる》代《よ》

■小林・益川理論を検証したBファクトリー

「衝突型加速器ＫＥＫＢにおける世界最高輝度達成への貢献」によって２００４年に猿橋賞を受賞しました。加速器は、電子、陽子、イオンなどの荷電粒子を加速する装置で、高いエネルギーを持つ粒子ビームをつくります。用途に応じてさまざまな規模・タイプのものがありますが、受賞の対象となったＫＥＫＢは、素粒子物理実験（Belle（ベル）実験）のために電子ビームと陽電子ビームを衝突させB中間子と呼ばれる粒子とその反粒子を生成する衝突型加速器です。物理実験の成果が主役だとすると、加速器の性能そのものは表舞台を整える裏方と言えるかもしれません。その加速器に広い自然科学分野の中で光を当ててくださったことをとても嬉しく思います。

ＫＥＫＢに限らず加速器の性能は多くの人が関わる設計・建設・運転チームの総力で達成されるものなので、チームを代表する気持ちで受け取らせていただきました。

現在の素粒子物理学では、クォークとレプトンが物質を構成する最小の要素「素粒子」だと考えられています。素粒子にはそれぞれに対応する反粒子が存在します。電子はレプトンの一種で、電子の反粒子はプラスの電荷をもつ陽電子です。粒子と反粒子（たとえば電子と陽電子）が衝突し対消滅すると、いったんエネルギーの塊になり、そのエネルギーで創り出すことが可能な別の種類の粒子と反粒子を対生成することができます。

宇宙の始めビッグバンでは粒子と反粒子が同じ量できたと考えられていますが、現在の宇宙に反粒子からできた反物質は見当たりません。宇宙から反物質が消え物質が残ったからには、素粒子の世界で粒子と反粒子になんらかの物理法則の違い（素粒子物理学の言葉では「ＣＰ対称性の破れ」）があるはずです。このＣＰ対称性の破れをＢ中間子と反Ｂ中間子の間に発見するのが、Belle実験の大きな目標でした（Ｂ中間子は、6種類あるクォークのなかで2番目に重いボトムクォークを含む粒子です）。

粒子と反粒子に働く物理法則のわずかな違いを精度よく測定するためには、自然界には安定に存在していないＢ中間子と反Ｂ中間子を人工的に大量生産しなければなりません。それがＢファクトリー（Ｂ工場）加速器とも呼ばれるＫＥＫＢに求められる役割です。電子と陽電子が衝突してＢ中間子対が生成される確率は物理法則で決まっているので（反応断面積で表現します）、努力の余地があるのは、電子と陽電子をいかに効率よく衝突させるかというところ、ここが加速器チームの腕の見せ所です。

KEKBのような衝突型加速器の性能は輝度（ルミノシティ）で表現されます。ルミノシティと反応断面積の積が毎秒生成されるB中間子対の数になります。KEKBは衝突型加速器として世界最高ルミノシティを達成し、Belle実験に膨大なB中間子対を提供しました。そのデータを解析することによって、「小林・益川理論」（6種類以上のクォークがあればCP対称性の破れが導き出せることを提唱）の検証をはじめとして多くの素粒子物理の成果が生まれています。小林誠先生、益川敏英先生は2008年にノーベル物理学賞を受賞されましたが、それに4年先立ちKEKBは猿橋賞によって光を当てていただきました。

■トリスタンからKEKBへ

理学博士の学位を取るまで、私は加速器を使う側にいました。加速器そのものを研究対象とするようになったのは、現在の職場であるKEK（着任当時は高エネルギー物理学研究所、現在は大学共同利用機関法人・高エネルギー加速器研究機構）に就職してからのことです。

当時KEKでは世界最高エネルギーで電子と陽電子を衝突させる衝突型加速器トリスタンを建設中で、大幅な人員増の時期だったことが幸いし、加速器部門に任期なしのポストを得ることができました。「女性がいないと海外の研究所の人にKEKは野蛮なところだと言われる」と冗談めかせて応募を勧めてもらったことを思い出します。この時期でなければ、なかなかチャンスは巡って来なかったでしょう。

1984年の着任時、私はKEK全体で2人目、加速器部門では最初の女性研究者でした。先達は計算機センターの方で、海外から磁気テープで送られてきた実験データの読み出しなどで大学院時代から大変お世話になっており、心強い味方でした。大学の物理学科や大学院の頃と比べても、着任したときがもっとも女性が少ない状況でしたが、特段困った覚えはありません。大きな加速器プロジェクトが進行中の、活気ある風通しの良い環境でした。周囲に偏見のない方々に恵まれていたことが大きいと思います。居室を決めるのに苦慮したことなどを後で笑い話として聞きました。そして、そのままずっとKEKで三世代の衝突型加速器、トリスタン、KEKB、SuperKEKBを相手に過ごしています。

最初の加速器トリスタンでは、クォークの中でもっとも重いトップクォークの発見が大きな目標でしたが、当時(1986年衝突実験開始)の世界最高エネルギーでもトップクォークには届きませんでした(トリスタンのビームエネルギーは32GeV(ギガ電子ボルト)でしたが、トップクォークを作り出すには172GeV必要でした)。トップクォークに手が届かないのであれば、次に重いボトムクォークに注目し、Bファクトリーを建設してCP対称性の破れの発見を目指すというのは自然な流れであったと思います。Bファクトリーの検討は海外でも始まっていました。KEKでは1989年頃から設計検討が本格化し、1994年から正式に認められてKE

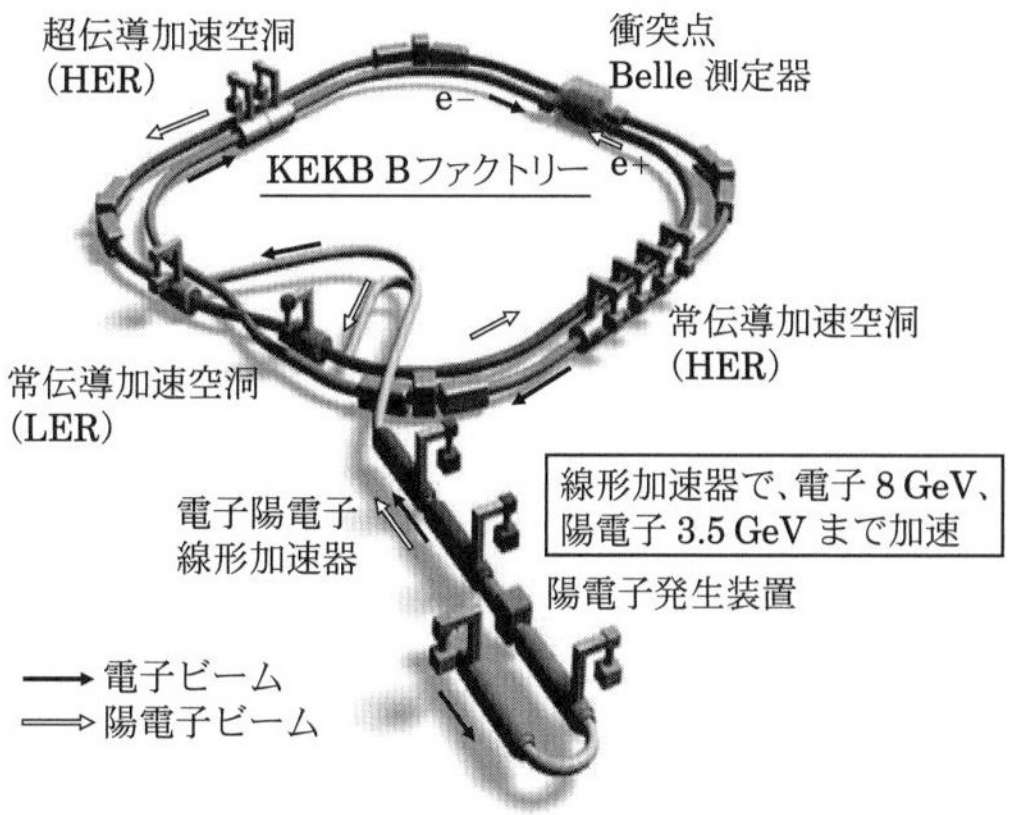

図1　KEKB概念図。二つのリングのビームエネルギーは、重心系エネルギーがちょうど一対のB中間子と反B中間子を作り出せる値に選ばれています。生成されたB中間子と反B中間子はごく短い時間でより軽い粒子に崩壊します。電子と陽電子のエネルギーに差がついているのは、B中間子・反B中間子が実験室系で走り、別々の崩壊点でより軽い粒子群に崩壊する様子を観測できるようにするためです。これによって、B中間子と反B中間子の崩壊するまでの時間差が測れます。

ＫＢの建設が始まり、１９９９年にはBelle実験が開始されました。

ＫＥＫＢ加速器は３・５ＧｅＶの陽電子ビームと８ＧｅＶの電子ビームを周回させる周長３kmの二つの蓄積リング（陽電子リングＬＥＲと電子リングＨＥＲ）と、線形加速器である入射器から成り立っています（図１）。電子も陽電子も、リングを周回できるエネルギーまで入射器で加速されてから、それぞれのリングに入射されます。電子ビームと陽電子ビームはそれぞれのリングを互いに逆回りに周回して１か所の衝突点で交差します。その衝突点を囲んでBelle測定器が設置されています。

■ルミノシティ・フロンティアを切り拓くKEKB

KEKBのようなリング型の衝突型加速器で高いルミノシティを得るには、できる限り多くの電子と陽電子を周回させ（言い換えると、電子ビームと陽電子ビームのビーム電流をできる限り大きく）、衝突点でビームの広がり（ビームサイズ）をできる限り小さく絞り、しかも、ビーム同士をできる限り正確に安定に衝突させ続ける必要があります。

超高ルミノシティを目指すKEKBは、大ビーム電流を安定に蓄積するための高周波加速装置や超高真空システム、極小ビームサイズを実現するための特殊なビーム光学系とそれを実現する高精度電磁石群、高精度ビーム診断制御システムなど、それまでの加速器にはないさまざまな特徴を備えています。私は主に、両リング合わせて約2300台の電磁石からなるビーム光学系の設計と実際のビーム運転に携わってきました。

精度の良い磁石を精度良く設置しても、モデル計算と現実との誤差は必ず存在します。衝突点でビームサイズを小さく絞り込むために開発したビーム光学系が期待通りの威力を発揮するには、誤差を許容範囲内に補正することが必要です。実際のビーム調整では、人為的に小さな変化（たとえばリング1か所で二極磁場をわずかに変える）を与えてビームの応答を観測し、応答がモデル計算に近くなるように電子・陽電子リングの電磁石の強さを微調整します。その後に両リングのビームを衝突させながらさらにさまざまなパラメータ（衝突点のビーム軌道やビーム光学系パラメータなど）を調整することによってルミノシティを最大化します。調整方法が確立して可能なものは自動化しますが、ルミノシティだけでなくビームサイズ、Belle測定器のバックグラウンド、入射器からの入射効率など全体を見渡して人が判断しながら行う調整は欠かせません。

KEKBでは、電子リングに1・2A、陽電子リングに1・6Aのビーム電流を蓄積し、衝突点でビームサイズは水平方向に300μm、垂直方向には2μmに絞り込まれ、安定に衝突する状態を実現していました。もちろんリング型の衝突型加速器で最小のビームサイズです。

衝突の様子をもう少し詳しく表すと、電子も陽電子もバンチと呼ばれる塊（進行方向の長さは14mm）になってリングを周回します。二つのバンチに電子の場合は470億個、陽電子は650億個が含まれます。周長3kmのそれぞれのリングを約1600個ずつのバンチがほぼ光速で周回するので、衝突点でバンチ同士の衝突が毎秒延べ1・6億回おこります。これほど多くのバンチ衝突をおこしても目的とするB中間子対の生成数はわずかに毎秒22対です。

B中間子におけるCP対称性の破れの探究は素粒子物理学の重要なテーマで、米国SLAC（当時はスタンフォード線形加速器センター、現在はSLAC国立加速器研究所）にもBファクトリー加速器PEP-IIが建設され、Belle実験に先立ってBaBar（バーバル）実験が始まっていました。KEKB/BelleとPEP-II/BaBarは健全で熾烈な競争を繰り広げ、両実験は2001年に同時にB中間子におけるCP対称性の破れの発見を発表しました。「小林・益川理論」の発表は1973年ですから、実験的な検証を可能にするBファクトリーが実現するまでに30年近くを

図２　KEKB トンネル内に設置された電子リングと陽電子リング。ビーム粒子の運動を制御するさまざまな電磁石が配置されています。（©KEK）

要したわけです（ただし、ここで検証されたクォークについてのCP対称性の破れだけでは反物質が消えた理由を説明するには小さすぎるので、さらにレプトンについても研究が進められています）。

KEKBのルミノシティが先行するライバルPEP-Ⅱに追いつき、追い越したのも2001年。それ以降は世界最高ルミノシティを更新し続け、夢の値と思われていた設計値10^{34} $cm^{-2}\cdot s^{-1}$を2003年に実現し、さらに2009年6月には設計値の2倍を超える値を達成しました。猿橋賞をいただいたのはKEKBが設計ルミノシティを実現した翌年のことでした。

ルミノシティを上げる道筋は紆余曲折し、なかなか想定どおりには進みません。次々に現れる障害を一つずつ解決してルミノシティを上げていくところが加速器研究の醍醐味でもあります。

大きな障害の一つは陽電子ビームにまとわりつく電子雲でした。陽電子リングでは、ビームが発する放射光がビームパイプの内壁に当たって電子を発生し、その電子がさらに壁に当たって二次電子を発生して、多くの電子がプラスの電荷を持つ陽電子ビームに引き寄せられます。このため、陽電子ビームの電流が大きくなると電子雲の密度も高くなり、その影響で陽電子ビームのビームサイズが増大してしまいます。これでは高ルミノシティが得られません。対策は、ビームパイプの上から巻けるところにできる限りソレノイドを巻き、電子雲をソレノイド磁場で捕獲して陽電子ビームに近づかないようにすることでした。2000年夏に、Belle実験グループの協力も得て、加速器チーム総出で作業し、ボビンを取り付け手作りの巻線機を使って巻けるところは巻き、その後もビーム運転停止期間を利用して、狭いところは手巻き、あるいは永久磁石を取り付けるなど工夫しつつ、ソレノイドを順次追加していきました。この対策により電子雲の影響を抑え込んで、やっとPEP-IIを追い越すことができました。設計ルミノシティを実現した頃には全周の4分の3程度がソレノイド磁場で覆われていました。

KEKBは前身の加速器トリスタンのために建設されたトンネルをはじめ、電磁石、電源、高周波源などトリスタンのハードウェアを最大限に利用して建設されました。ハードウェアの継承だけではなく、トリスタンで経験を積んだ人々による強力な加速器チームが、設計・建設・運転の全体にわたって蓄えた力を存分に発揮できたことが、KEKBを成功に導いたと言えるでしょう。KEKBのビーム運転はいったん開始したら数か月にわたる連続運転で、24時間を分担してカバーするシフト体制です。土日休日も含め毎朝運転ミーティングを開き、前日のシフト報告を聞いてビーム運転の方針を決めます。高ルミノシティを維持するには常にビーム調整が必要であり、また、より高いルミノシティを目指して、必要な機器を改良し、ビーム電流を上げ、調整方法を開発するさまざまな試みが常に続けられてきました。KEKBは最終的に設計値の2倍を超えるルミノシティを達成しましたが、それが可能だったのは、ルミノシティを制限する困難な壁に直面したとき、あるいは、設計時には考えていなかった新しい要望が出てきたときに、チームのメンバーが各々の担当部分を越えてさまざまなアイデアを模索し、誰の提案でも良いものは取り入れて皆で実現していく柔軟な対応ができたからだと思います。トラブルがおきたときほど、素早くオープンに議論して周知を集めることが自然になされていました。

図3　KEKB加速器トンネルにて。

KEKBの建設が始まった1994年以降、加速器部門の女性研究者は少しづつ増えて、Super-KEKBチームでは2011年頃から教員・技術職員あわせて約90人中1割程度に達しています。まだ少ないと思われるかもしれませんが、それぞれのペースで見事にワーク・ライフ・バランスをとりながら研究を進めていて、頼もしい限りです。一方で、私自身はビーム調整を専門にしてＫＥＫＢの制御室に住み着くようにして過ごしていたため、ハードウェア機器を担当し加速器トンネル内や電源棟などで作業する時間が長い方々にとっての作業環境の整備は遅れていました。もっと早く対応していなければならなかったのに、申し訳なく思います。加速器が稼働しているときは前述のように24時間体制ですが、男女を問わず対応できる時間帯を対応できる人が担当することで長期運転を支えてきました。

■そして SuperKEKB へ

ＫＥＫＢは当初の目標を大きく上回る性能を発揮して２０１０年６月末にビーム運転を終了し、SuperKEKB へのアップグレードを開始しました。ビーム電流をさらに大きく、ビームサイズはさらに小さく、ＫＥＫＢで達成したルミノシティの数十倍を目指しています。Belle 測定器もBelle II 測定器に生まれ変わり、２０１８年４月に初衝突を確認しました。２０２０年６月には、ＫＥＫＢが達成した記録とそれを２０１８年に上回ったＣＥＲＮ（欧州原子核研究機構）のＬＨＣ（Large Hadron Collider）の記録を追い越して再び世界最高ルミノシティを更新し、Super-KEKB としての出発点に立ったところです。猿橋賞をいただいたことによって基礎科学の大型プロジェクトをとり巻く状況を広い視野から眺める機会を得ました。当時よりさらに厳しい状況になっていると思われるその中で、ＫＥＫＢに続きルミノシティ・フロンティアの加速器に携わっている幸運に感謝しつつ、これからもその面白さを堪能するつもりです。

略歴

１９７８年　東京大学理学部物理学科卒業
１９８３年　東京大学大学院理学系研究科博士課程修了、学位取得（理学博士）
１９８４年　高エネルギー物理学研究所トリスタン計画推進部電子リング研究系助手
１９９６年　高エネルギー加速器研究機構加速器研究施設加速器第二研究系助教授
２００４年　高エネルギー加速器研究機構加速器研究施設加速器第二研究系教授
２００９年　高エネルギー加速器研究機構加速器研究施設加速器第四研究系研究主幹・教授
２０１８年　高エネルギー加速器研究機構名誉教授、加速器研究施設特別教授
２０２０年　高エネルギー加速器研究機構加速器研究施設研究員

受賞歴

２００２年　第7回日本女性科学者の会奨励賞

論文

SuperKEKB Collider. Akai, K., Furukawa, K., Koiso, H., on behalf of the SuperKEKB accelerator team, *Nuclear Inst. and Methods in Physics Research* 2018, A907, 188–199

Lattice of the KEKB colliding rings. Koiso, H., Morita, A., Ohnishi, Y., Oide, K. and Satoh, K., *Prog. Theor. Exp. Phys.* 2013, 03A009

Dynamic Aperture of Electron Storage Rings with Noninterleaved Sextupoles. Oide, K. and Koiso, H., *Physical Review* 1993, E47, 2010

学会・社会活動

２００８〜14年　第21・22期日本学術会議連携会員

２００８年〜　第３・４・６・７・９期日本加速器学会評議員

数学の時代到来？

（第25回）小谷元子《こたにもとこ》

人生100年時代だそうだが、日本評論社『数学セミナー』の記事のなかで200歳まで生きるという宣言をした。久しぶりに元気のでる話を聞いたと言ってくれる人もいたし、ライフサイエンス系のかたからは、生物システムを超えているねというコメントもいただいた。元気のでる話ということではなく、自分がこれまでにやったことを考えてみると、あまりにもささやかで、あと4倍くらい生きないと何も達成することはできないと気が付き、とりあえず200歳まで生きる決心をしたという次第だ。後に詳しく書こうと思うが、ずっと数学一筋にやってきた研究が材料科学と出会い、新しい学問領域を切り開こうというプロジェクトを引き受けたばかりであったので、だって始めたばかりなんだもん、なのである。

■子供のころ

小学校の写真を見ると、真っ黒に日焼けし痩せてショートカットの、口をへの字に結んだ私がいる。早生まれだったせいか、いつも「生きていくのって大変だ」と思っていた。まず、今でも思い出す辛い時間は「給食」。ニンジン、玉ねぎ、牛乳、お肉と、のどをとおらない食べ物がたくさんあった。当時は、「好き嫌いはダメ」という時代であったので、食べるまでは席を立つことができなかった。周りで、「お掃除」が始まるなか、私と私の机と冷たくなった給食だけが教室の真ん中にとりのこされた。「パンは残して良い」というルールを悪用して、くりぬいたパンのなかに食べ物を隠すという裏技を生み出した。後で聞くと同じような方法で切り抜けた人は結構いたようだ。

人と話をすることがまったくの苦手だった。話しかけられないために本の後ろに隠れた結果、たくさんの本を読むことが習慣になった。当時は特に寂しいとか不便とかそういう意識は自分にはなかった。しかし、思い出してみると担任の先生が、いろいろ気を使ってくれた記憶はあるので周りは心配してくれたのかもしれない。別にひきこもるということでもなく、かけっこは速かったし、ドッチボールでも「小谷さんは細すぎてボールが当たりません」と言われたから、きっとすばしこかったのだと思う。

しかし、同級生と話をしないといけないということも理解していたらしく、4年生で大阪から鎌倉に転校したき同級生と積極的に交わるという決心をしたこともよく覚えている。

■算数から数学へ

算数は苦手だった。ともかく計算ができないのだ。それは今も変わらない。「数学者の関心は無限から先ですから」という言い訳のもとに、有限の数の計算は上達しない。中学に入って、算数から数学に変わり、具体的な数から x、y の計算になったあたりから数学が大好きになった。理屈をこねるのが好きだった私は、先生を捕まえていろんな質問をした。教科書とは関係のない自分で読んだ本の内容や考えたことを先生にぶつけるという少々迷惑な生徒だった。数学以外も質問にいったが、数学の先生が一番はぐらかさずに相手をしてくれた。実はこれは数学の先生が親切だったということもあるのかもしれないが、数学という学問の性質にも大きく関係している。数学以外の学問は、観測から法則を見出す、もしくは歴史の積み重ねにより出来上がった思考やしきたりを合理的なシステムとして理解するものである。一方、数学では概念を定義し、状況の設定とルールを明確にしたうえでそこから演繹的に世界を構築する。したがって、何の経験もない子供でも、論理的に新しい考え方を生み出すことができる。自分が間違っているときには、何が間違っているのかを論理的に理解し納得することができる。自分でルールを定め、それを論理的に展開したアイデアを人と議論することが好きで、結局のところ数学という学問が一番性に合っていたのだろう。一方で論破されなければ絶対に納得しないため、元子という名前にひっかけて「ガンコ」「ガンちゃん」と呼ばれていた。

■大学に入って

中学、高校時代は数学と物理が好きで、徐々に数学に生涯かかわっていきたいと考えるようになった。ガリレオ・ガリレイの「宇宙という書物を読むには数学という言語が必要である」という言葉に表現されるように、世界の根幹に迫るのは数学であると感じており、そうであるとすれば1回しかない人生をそれに捧げたいと願うのは自然であろう。今は、自然を理解するアプローチは種々あり、いずれも重要であり、また興味深いと知っているが、中学・高校生の知識の中では数学が絶対的価値であった。研究者という職業は知らなかったが、本に囲まれる生活、物事を調べ考えまとめていくというういわゆる「研究」ということができたら幸せであろうとも思っていた。

母親が「理系が好きだったが親が許してくれなかった」という無念を経験したためか、理系に進むということを奨励してくれた。無事に数学専攻の学生となったが、ここで本物の天才にあって、私は絶望の淵に沈む。こちらは地面をはいずりまわっているのに、向こうは大空を悠々と飛び回っているのだ。ああ数学を作るのはこういう人たちなのだ、私にとって数学は他とは比較にならない絶対的な価値であるが、数学にとっての私はなにものでもない。アイデンティティ崩壊である。

当時は大学院に進むとは大学に残って研究者になることを目指すことを意味していた。何の自信もなかったが、絶対的価値と出会ったにもかかわらず、1回しかない人生の生き方を考えると、方向転換という選択肢はなかった。なんせ「ガンコちゃん」なのである。大学院にはいって研究を始めてみると、自分の思い違いに気がついた。数学とは、そして自然界とは、もっと奥深いものなのである。そこには大変に豊かな世界が広がり、汲みつくすことのできない興味の種に満ち溢れていた。どんな人間にもやれることはある。修士に入ってすぐに論文を書くことができたことで研究人生の好スタートを切ることができた。

■幾何解析学

数学のなかで、「幾何学」を専門と選んだ。深い考えがあったわけではないが、図形的なイメージにより概念的に物を考えることが好きな私には向いていた（と思う）。数学には大きくわけると代数、幾何、解析という分野があり、幾何には柔らかい幾何といわれるトポロジーと硬い幾何と言われる微分幾何学がある。トポロジーは、よく「コーヒーカップとドーナツは同じ」と言われるように非常に大雑把に形をとらえる幾何学であり、微分幾何学は「ものさしと分度器」を数学的に定義した「計量」があり、少しでも計量が異なれば異なる図形と考える幾何学である。したがってトポロジーは大域的（グローバル）に、微分幾何は局所的（ローカル）に図形を調べるが、重要な結果は、この二つの関わりを明らかにすることであると考えられている。近代的な幾何学の源を作ったガウスの「驚くべき定理」がその典型である。

地球は丸い。このことは古代にも太陽を見上げる角度を調べることで知られていた。しかし、空をみあげて地上を知るという方法はガウスを満足させなかった。空に太陽があろうとなかろうと地球は丸い。地球の形を決めることにかかわりのない太陽を使わなくても地球の形は調べることが可能であると考えたのである。もし、我々が地球の外に飛び出して宇宙から地球を見ることができれば地球が丸いことは簡単にわかる（神の目である）。しかし、地上に縛り付けられた我々人間が地上を、しかも局所的に測量によって調べることしかできない（人間の目）。しかし、天才ガウスは図形の曲がりかたを「曲率」という概念で定義し、これを測量によって計算することを可能にした。外的な形が内的な計量のみで決定できるという定理は、神の目と人間の目を一致させた「驚くべき定理」なのである。さらに、このような局所的な情報を足し上げることで地球全体の形を知ることができるというガウス-ボンネの定理を証明した。トポロジーと微分幾何、大域と局所を結びつける定理は「美しい数学」のお手本となっている。「大域解析」、「幾何解析」と呼ばれる幾何学が、修士以来私が取り組んでいる研究分野である。

■離散幾何解析学

日本にはサバティカル制度がない。これは大変に残念なことである。私は1993～94年にドイツ・ボンのマックス・プランク研究所に、2001年にフランス・パリ郊外のIHÉS

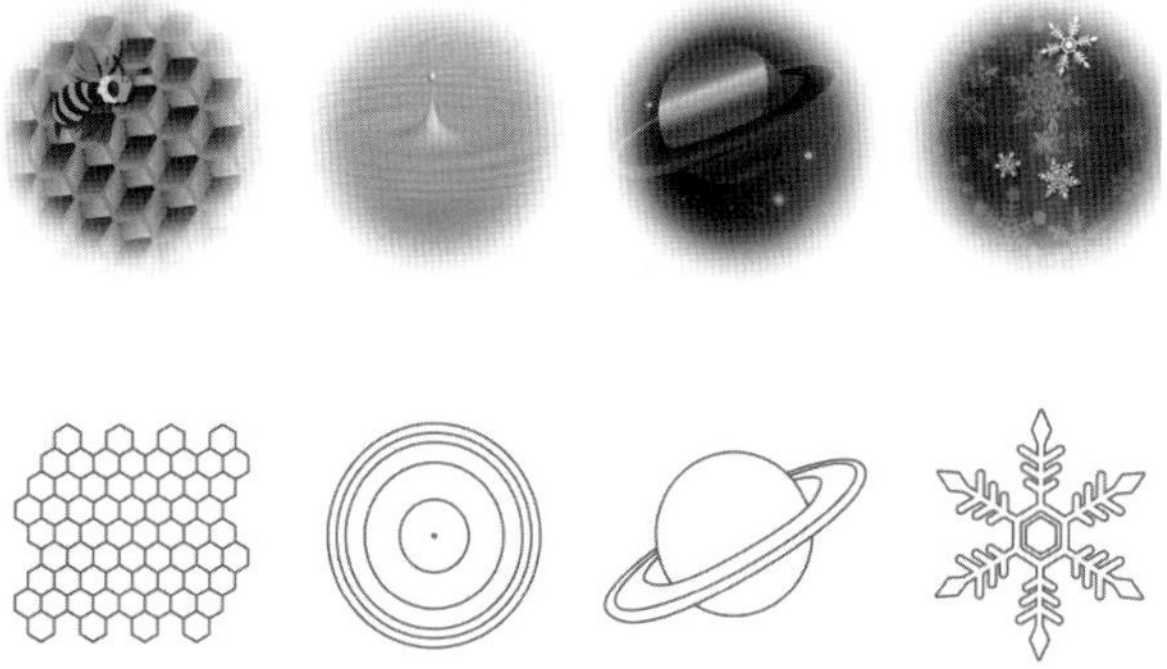

図１　蜂の巣、水滴と波紋、天体、雪の結晶、自然界には対称性の高い形が満ち溢れている。

(Institut des Hautes Études Scientifiques：フランス高等科学研究所）に応募し、それぞれ1年間滞在することができた。日本にいても日々研究を進めているが、世界中から研究者が集まる新しい環境で研究以外の義務がまったくない1年間を過ごすことができるのだから、この機会に自分の研究に新たな次元を加えたい、一段と飛躍させたいと考えた。マックス・プランク研究所では微分幾何学から幾何解析への発展を、ＩＨＥＳでは、２０００年ごろから砂田利一氏とともに取り組んでいた離散幾何解析の基盤構築を目標においた。

近代の幾何学は「多様体」という研究対象を見出すことで大きく進展した。局所的な座標を導入することができるため、幾何学的量を微分方程式によって解析できる。これが幾何解析の基盤である。多様体は連続な図形であり、そこに微分構造という滑らかさを測る概念が入っている。私が大学院に入学した当時、幾何学に微分方程式を導入すること、もしくは微分方程式を幾何学的な図形の上で展開することを可能とする「大域解析学」(今の幾何解析学)が流行していた。幾何学と解析学の学生が分野を超えて一緒に勉強会や研究会を開催したりした。私は、1990年代は、幾何解析のなかで、自然界の形が対称性に満ち溢れていること(図1)を数学的に説明しようとする「調和写像」を研究テーマとしていた。

このような多様体を基礎とした幾何学が20世紀後半に大きく発展したが、世紀末に向かって、「離散」という対象にその興味が広がるようになった。私自身もそのような雰囲気の影響を受けた。きっかけは熱拡散の離散版として知られるランダム・ウォークの長時間挙動に幾何学的な構造がどのように関係するかという問いを砂田利一氏から投げられ、それに応えようとしたことがきっかけであった。2000年が見えてくるころ、幾何解析の離散版である離散幾何解析の構築を砂田氏とともに開始することになった。ランダム・ウォークは、アインシュタインが原子の存在を示すものとして考えたものである。微視的にはランダム・ウォークと呼ばれる運動が、巨視的な熱の拡散をもたらしているという主張である。ランダム・ウォークはその名前の表すように、過去にどのような経路を取ってきたかをすっかり忘れて、一歩ごとにランダムに進む方向を決める気まぐれ運動である。気まぐれであるということは恣意性がない。ある空間のなかを動き回るランダム・ウォークは長時間のうちにその空間の大域的な性質を拾い集めることになる。このことに注目して、離散空間上のランダム・ウォークの長時間挙動に現れる幾何量を求めるということに夢中になった。そのためには従来多様体上で知られてきた概念や手法を離散化した対応物を定式化していく必要が生じた。離散とはバラバラであり、隣との関係性がないということである。関係性がないことは自由を与えるが、あまりに自由があると変な方向に発展してしまう可能性がある。そのようなことから、「離散」を考えるときには、常にその極限に連続の像がみえることを意識するようになった。より積極的に離散と連続をつなぐことに離散幾何解析の本質があると考えることになった。ちょうど、2回目の海外滞在の機会と重なったこともあり、離散幾何解析とはなんだろう、どうあるべきかということをじっくり考えることにした。帰国直後に廣中財団から「幾何学と確率論の関わり」というテーマで第1回JAMSシンポジウム（JAMSはJapan Association for Mathematical Sciences：一般財団法人 数理科学振興会）の組織委員長を務めるようにと依頼を受け、世界中から「離散幾何解析の種」になりそうな研究者を招聘し2週間泊まり込み形式で議論をできたことも僥倖であった。

■数学が材料科学に出会う

このように「離散と連続をつなぐ新しい数学」を考えていたころ、ちょうど世界中で数学と諸分野・産業の連携という大きな動きが始まっていた。最初は米国でオドム・レポートが出版され、それに基づいて数学と諸分野連携に対して多くの競争的な研究グラントが用意された。また、ヨーロッパでも同様の動き、さらに産業数学への期待も高まっていた。人類が直面する課題が複雑

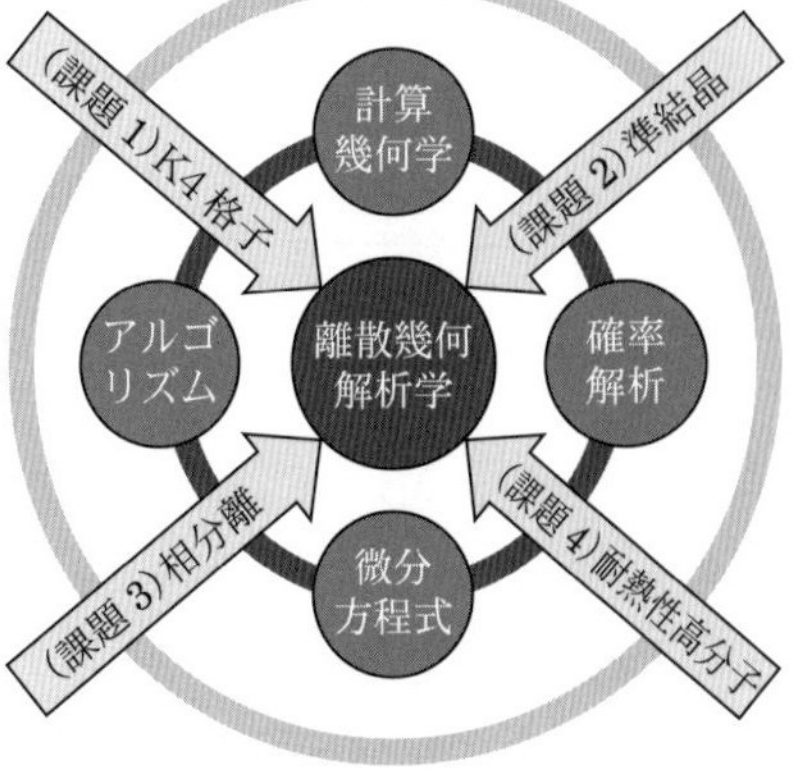

図２　離散幾何解析学の広がり

になり多くの研究分野が協働で取り組む必要のあることから、これを科学の共通言語である数学に翻訳する必要が生じたこと、さらに問題を抽象化・単純化することが強く求められると同時に、急速に発達した高性能コンピュータの力を活用するためにも課題の数学化が重要であったことなどがその理由である。日本では、それまで科学技術政策に「数学」という言葉が現れたことがなかったが「第４期科学技術基本計画」において、「科学技術の基盤としての数理科学」が記載された。数学と諸分野の協働を進める「戦略創造目標」が立てられ、その実現のため大型研究プログラムの一つであるＣＲＥＳＴにも数学と諸分野の協働の領域ができた。私はその領域の第一期生として材料科学との連携研究「離散幾何解析による物質階層構造の解明」（２００８〜13年）に挑戦することになった。材料科学は物質の機能に着目する。我々が日常的に使う材料の持つ巨視的スケールの機能が、物質を形作る原子・分子などの微視レベルの構造から出現する機構を理解することが材料科学の基本問題である。「微視と巨視」は言い換えると「離散と連続」である。物質を階層的なネットワークとしてとらえ、その階層間の関係を解明できれば狙った機能を持つ材料をどのような構造によって実現すべきかの指針になる。これはまさに離散と連続の関係を解明する離散幾何解析の出番ではないか。正直には遊び心もあったプロジェクトではあるが、数学の外の研究者との共同研究はいろいろな意味で刺激的であった。

東北大学に設置されたWPI-AIMR (World Premier International Research Center Initiative-Advanced Institute for Materials Research) の拠点長に２０１２年に就任した。ＷＰＩとは、文部科学省が日本に世界的な研究所群を設置するために２００７年に開始した「世界トップレベル研究拠点形成プログラム」で、東北大学には２００７年に世界的な材料科学の拠点としてWPI-AIMRが設置されていた。異なる背景で発達してきた材料科学を統合し新しい材料科学を構築することが設置当初からの目標であったが、その目標達成を加速するために数学の共通言語を用いて機能と構造の関係を解明すること、さらにそのことにより予測に基づいた材料開発の基盤を構築すること、を目指し数学者であったが拠点長に招かれたのである。WPI-AIMRは、優れた研究というだけではなく国際標準の研究所のモデルを作ることも期待されていた。所員の国際比率は50％で公用語は英語、研究と生活の支援や研究環境の充実が特徴である。さすがに材料科学が専門ではない私が拠点長ではとしり込みしたが、「数学は有用である」と主張してきた立場で、じゃあ「証明してごらんなさい」と最高の場を与えられたのであるからYes, I can prove it と答えるしかない。というわけでこの職をひきうけた。数学と材料科学が一つ屋根の下で挑戦する組織は世界に先駆ける大胆な挑戦であった。

■猿橋賞

猿橋賞をいただいたことは私の人生を変えた。それまでは数学の純粋研究にのみ興味をもっていたが、受賞をきっかけにたくさんの高校などから講演の機会をいただいたことから、二つのこと、女性が科学の世界でもっと活躍できるように、数学の楽しさをもっといろんな人に知ってもらえるように、ささやかでも自分ができることをしていきたいと考えるようになった。私が猿橋賞を受賞したのが2005年であるが、2006年は日本の女性活躍にとって記念すべき年である。私が勤務している東北大学においても文部科学省の「女性科学者育成モデル事業」に応募し「杜の都ハードリング支援」に採択された。そのプロジェクト・リーダーとして「環境整備」「育児と研究の両立」「次世代育成」の三つの柱をたて東北大学における女性研究者活躍のための活動の指揮をとることとなった。特に東北大学の女子大学院生を「サイエンス・エンジェル」として高校や科学博物館のイベントなどに派遣する活動は、サイエンス・エンジェル担当者の熱意により非常に活発に動いた。科学の多様さ、そして科学を志す女性の多様な動機を若い世代に伝えるメッセンジャーであり「身近なロールモデル」でもある。また、サイエンス・エンジェルとして任命された女子学生は科学を伝えるという使命感をもち、また科学を伝えるなかで自分の動機を再確認するということを通じて、成長するという期待をこめた。理化学研究所でダイバーシティ推進を担当した。東北大学で女性活躍を考えているときから一貫して「マイノリティだから支援」ということではないと感じていた。研究のダイナミズムを生むのは異なる視点、価値観だ。優れた能力を持つ女性がいまだ使いつくされていないとしたらそこには宝が埋まっている。新しい価値を生む野心的・挑戦的な女性研究者が活躍することは研究の成果を最大化する。そのように考えて、理化学研究所で女性として初めて主任研究員となったかたの名前を冠にした「加藤セチポジション」を設けることができた。

女性の活躍促進にかかわることと同時に東北大学では3代の総長に渡って大学の研究推進や国際化のお手伝いをさせていただいた。まだ若い時期に世界のトップレベル大学といわれるケンブリッジ大学、ＥＴＨ（Eidgenössische Technische Hochschule：スイス連邦工科大学）、ＵＣバークレー、スタンフォード大学や、また当時急速に力をつけ始めてきた中国の大学を視察にいき、学長、理事、評議員などのインタビューに参加することができたことが、世界級の大学運営についての勉強になった。各大学が歴史や社会の中で培ってきた個性をしっかりと認識し、その個性に基づいたビジョンを執行部だけではなく教職員、学生すべてに共有されていることが大学の魅力を形成している。このような経験が２０１２年から世界トップレベル研究所 WPI-AIMR の拠点長を引き受けたときに大変に役立った。

今、科学はそして社会は大変動の時機にある。高性能コンピュータ、インターネットの普及であふれるビッグデータ、それを基盤とし実在感を強め豊かに広がるサイバー世界。これが実社会

図３　研究室セミナー

とどのような相互作用をするかが、人類の未来を大きく変える可能性がある。サイバー世界と実社会をつなぐのは、実は数学の言葉なのである。ビッグデータの解析は第一義的には「相関」を取り出すものである。しかし、相関は因果とは違う。データから情報を、情報から意味を、そして創発を生み出すためには、それを読み解く言葉が必要なのである。若いころに考えていた自然を記述する言葉としての数学の有用性はさらに増し、そのような社会の期待に応える新しい数学が次々と生まれている。このような面白い時代の発展を見届けないでどうして幕を閉じられよう。というわけで生命の常識を超えても200歳まで生きる予定なのである。

■最後に

いつも決して確信や自信があったわけではない。ただ、自分にとって意味のあることに挑戦する機会があれば、それを受けない理由はないと考えて無謀な人生を送ってきた。自分に壁を作る必要はない。一度きりの人生であれば価値のあるものに賭けるしかない。You can prove it.

略歴

１９８３年　東京大学理学部数学科卒業
２０００年　理学博士（東京都立大学）
２００４年〜現在　東北大学大学院理学研究科数学専攻教授
２０１２〜19年　東北大学原子分子材料科学高等研究機構（WPI-AIMR）機構長
２０１９年〜現在　東北大学高等研究機構長
２０１７〜20年３月　理化学研究所理事
２０２０年４月〜現在　東北大学理事・副学長（研究担当）

著書・論文

A new direction in mathematics for materials science. Ikeda, S. and Kotani, M., *Springer Briefs in the Mathematics of Materials* 2015, vol. 1, Springer, 1-86

Geometric frustration of icosahedron in metallic glasses. Hirata, A., Kang, L. J., Fujita, T., Klumov, B., Matsue, K., Kotani, M., Yavari, A. R. and Chen, M. W., *Science* 2013, 341 (6144), 376-379

「結晶格子を通してみる離散幾何解析」『数学』２００２、54巻第４号、ｐｐ.３４８-３６４

学会・社会活動

２０１５〜16年　日本数学会理事長

２０１５年〜　内閣府総合科学技術イノベーション会議員

日本学術会議員（第23・24期）

前例を作り、道を創る

（第26回）森《もり》 郁《いく》恵《え》

■幼少期～高校時代

高校までは、神奈川県の平塚市で過ごしました。平塚は田園風景が広がっているわけでもなく、かといって特段の都会でもなく、おそらくどこにでもある街だったと思います。小中学校は、近所の子供たちと一緒に公立の学校に通いました。小学校ではドッジボール、中学校ではソフトボール部の練習に明け暮れていました。というと体育会系のようにも聞こえますが、小学校3～4年生の頃には脚本を書き、近所の子供たちを配役して演じてもらい、演出もどきのこともやっていたことを思い出します。お伽話のようなストーリーを作ることも大好きでしたし、それを演じてもらうことにも興味がありました。科学者になっていなかったら、脚本家になってみたかったです。

どんな子供だったかひと言で表現してくださいと問われたら、「誰であれ、わたしのやりたいことに口を挟まず、わたしを束縛しないでほしい」と常に思っている子供だったと答えるでしょう。やりたいことをなんでも自由にやって良いという、放任主義ともいえる家庭環境の中で育てられたので、そもそも、学校の規律が性に合いませんでした。たとえば、どうして背の低い生徒が前に座り、わたしのように背の高い生徒は、いつも後ろの席なのか？　後ろの席にいると先生の声も聞こえにくく、授業内容も簡単であれば退屈してしまい、わたしは、どうしても背の高い隣の席にいる生徒に授業中に話しかけてしまい、お喋りを始めていました。そうすると、結局、先生に「後ろの森さん、お喋りをやめなさい」と叱られることになりました。また、「女子生徒は女らしく」とか、「おしとやかにしなさい」とか、男女の差で行動を規定されることも大嫌いでした。このことに関連して、小学校4年生のときに、わたしにとっての大事件が起きました。

当時の小学校では、4年生から家庭科の授業をやることになっていたので、お裁縫箱を買うことになりました。担任の先生が、クラスの男子生徒と女子生徒の数を数えて、男子はブルーで、女子はピンクのお裁縫箱を購入しようとしていたことが分かったときに、とっさに「先生、わたしはブルーにしてください」と言ってしまったのです。本当はピンクが好きだったのですが、男子はブルー、女子はピンクと決めつけられることに反抗したのです。自分はブルーが好きだからという嘘の理由にして、ブルーのお裁縫箱を、6年生まで3年間使うことになりました。予想通り、ピンクのお裁縫箱はとても綺麗な色でした。当時9歳のわたしが、ブルーのお裁縫箱を選択したことは、自分の好みよりも自分の理念を尊重した初めての経験でした。またこの経験は、人生初の後悔でもありました。皮肉なことに、それ以来、現在に至るまで、特に後悔したこともないので、この経験はわたしの人生の中で、最初で最後の後悔かもしれません。

子供の頃に、研究者になる萌芽があったかと言えば、特に目立ったものはなかったと思います。ご多分に漏れず、天体望遠鏡をお年玉で買って夜空をみたり、宇宙の果てはどうなっているのかと考えて夜眠れなくなったり、不思議な生き物の虜になったり。動物や植物、恐竜や宇宙に関する図鑑を見ることも大好きでした。また、週末にはパンを焼く、プリンを作ることなどにこだわりました。振り返ると、小学生の頃から、料理は化学実験だと認識していたようで、上手にお菓子を作ることには科学的根拠があると感じていました。いまの専門である脳神経科学に結びつくことといえば、小学生の頃から、大人の行動をよく観察していて、その意味を理解したいと思っていました。たとえば、普段と違う言動なりがあると「なぜ、この人は今、こんなことを急に言いだしたのだろう？」と疑問に思うことが頻繁にありました。そして、その言動の背後にある心理を理解したくてたまりませんでした。発せられた言葉に隠された人間の心境を知りたいと思っていたのです。大人の中には、学校の先生も入りますので、きっとわたしはとても扱いにくい生徒だったと思います。

進路を決めたのは高校生になってからです。わたしが通った高校では、1年生の3学期に理系と文系のクラス分けがされたのですが、中学校のときから数学や理科が好きだったので、迷わず理系のクラスに入りました。1学年400人中、理系の女子は15人だけ。そのうちほとんどの人は医学部か薬学部志望でした。その理由の一つとして、女性は「手に職をつけろ」と言われ、国家資格を取得しておけば安心だと言われていた時代背景がありました。わたしは医者になるつもりはなかった。「お医者さん」とか「担任の先生」と呼ばれると、職業の規定に縛られるような気がしたのです。なにせ、束縛されることが一番嫌いなことでしたので、自分の名前を出して生きていく人生を送りたいと思っていたからです。それより、理系に進学するならば、科学者になることはとても魅力的でした。自分自身をどう生きるのかについては自由であり、研究業績によって評価される世界だと考えたのです。自由を得ることには、同時に自己責任も発生することでもあるとわかっていました。でも、自然界の謎を解き明かすことは前人未到の荒野に道を作っていくことと思い、それを成し遂げていくことに大きな魅力を感じました。一つだけ、進路で少し迷ったことがあります。動物好きだったので、獣医師になることは真剣に考えました。とはいえ、当時の日本はまだ、動物病院で働く文化が行き届いていなかったので、畜産業界で獣医師のニーズが高いことは容易に想像がつきました。だとすれば、人の発する言葉の一つひとつの背景にある意味を知りたいなどと思っているわたしは繊細すぎて、獣医師は体力的にも心理的にも無理なんじゃないかと最終的には思いました。

動物好きだったことは、いまの研究につながります。1973年のノーベル生理学・医学賞は、動物行動学を確立したコンラート・ローレンツ、ニコ・ティンバーゲン、カール・フォン・フリッシュの3名に贈られました。これらの人たちが書いた書籍が、日本語に翻訳された時期と高校時代が重なることもあり、コンラート・ローレンツの『動物行動学』『攻撃――悪の自然誌』、ミツバチのダンス言語を研究したカール・フォン・フリッシュなどの本を夢中になって読みました。そして、京都大学の教授で独自の進化論を発表していた今西錦司博士の本も読みました。そして、行動生物学をやりたいと、お茶の水女子大学の理学部生物学科への進学を決めました。

■研究のきっかけ

お茶の水女子大からは上野動物公園が近くて、よく足を運び、サル山を観察していました。そうすると、母親でもないのに、おじさんサルが赤ちゃんサルを抱いて子守をしているのが見えたのです。わたしは、このおじさんサルは、甥っ子を抱いているのではないか、自分の遺伝子を持っている子どものサルに血の濃さを感じているのではないか、そんなことをいろいろ考えているうちに、動物の社会性行動がどう進化してきたのかを研究したいと思うようになりました。そのためには遺伝学をきちんと勉強することが大切です。「集団遺伝学」をテーマに定め、卒業研究では小笠原諸島の父島由来のショウジョウバエ集団が保有する遺伝的変異量を推定する研究をしました。

修士課程を経て博士課程への進学を考えていたとき、「遺伝子の言葉で行動を語るような研究がしたい」とお茶の水女子大の指導教官に相談したところ、「それは贅沢というものです。そんな学問はありません」と言われました。確かに今になってみると、神経科学研究を遺伝学からアプローチする学問は、当時存在していなかったことはわかります。そこまで生命科学全体を見通すことができなかったわたしは、日本では自分のやりたい研究ができないと思って、アメリカへの留学を決め、ワシントン大学（セントルイス）の生物学・生物医学系大学院の博士課程に入学しました。アメリカの大学院では、ラボローテーションという制度があります。学位を取得する研究室を決める前に、三つの研究室にそれぞれ3か月程度滞在するという制度です。二つ目の研究室をどこにしようかと迷っていたときに、『セル（*Cell*）』という科学雑誌に線虫というモデル動物のことが掲載されていました。そのころはまだ、線虫を使った研究の論文が国際的にもようやく出始めたころで、日本では研究対象としてはまったく馴染みのない動物です。でもその雑誌を読んで、線虫に新しいモデル動物の可能性を感じました。それまではショウジョウバエをモデル動物としてきたわけですが、線虫の研究室で博士号の取得をすることを決意しました。

分子生物学の創始者の1人でもあり、線虫をモデル動物とする研究体系を確立したシドニー・ブレナー博士の最初の弟子の1人であるロバート・ウォーターストン教授が、私の指導教官でした。非常に厳しい先生で、彼の研究室に参加した頃はいろいろな質問をしてわたしの能力を試していたと思います。そうした試練に耐えながら、学位取得の勉強を続けました。学位取得がまた大変でした。まず、博士号取得候補者になれるかどうかを評価する「資格試験」という筆記試験に合格しないと、そもそも、学位取得のための研究を始められません。2回不合格になると退学になってしまいます。それをクリアすると、毎年行われる「審査会」で合格をもらわなければならない。わたしの主査はウォーターストン教授で、副査は5人の他研究室の教授が担当しました。毎年行われる「審査会」で1度でも不合格を出されてしまうと、すぐに退学させられます。そして、研究成果もあがり、その成果を学術論文として発表した後に、学位取得の最後の関門である「学位論文公聴会」を通らなければならない。副査の先生がひとり30分程度、とても意地悪な質問をしてきます。これに対して、研究の根拠、必然性、成果について、「すべて妥当であり、重要である」と説明しなければなりません。この儀式を防衛や弁護の意味を持つ「ディフェンス」というのですが、わたしがディフェンスを終えて、疲れ切って研究室に戻ったら、「Congratulations, Dr. Mori」と大きくプリントアウトされた紙が壁に貼ってあり、みんなが「おめでとう！」と祝福してくれました。学位を取得する学生が出ると、指導教官はシャンパンボトルを2ダースふるまうことが恒例行事になっているようで、ウォーターストン教授が用意していたシャンパンを研究室メンバーとどんどん開けて飲みながら、ようやく、ディフェンスの緊張から開放され、安堵の気持ちでいっぱいになりました。ウォーターストンの研究室はポスドクが中心で、学生がいなかったため、彼の学生としてはわたしが博士号を取得した第1号でした。いま思えば、アメリカの研究室で、こうした厳しいトレーニングを積めたことは、その後のわたしの研究生活に非常にプラスになりました。また、アメリカで線虫と出会い、自らの意志でモデル動物をショウジョウバエから線虫に変えたことは、わたし自身にとって、大きな自信につながりました。

帰国した理由の一つは、長い間英語圏に暮らしていて、根無し草になってしまうのではないかという気持ちがありました。そのため、わたしを使ってくれる研究室を探して日本の大学でセミナーをしながら行脚したのですが、研究対象をショウジョウバエから線虫に変えたことで、日本での研究上のコネを失ってしまったこともあり、なかなか決まりませんでした。当時、線虫の研究をしている先生はほとんどいなくて、研究室を回って歩くと、「線虫をやっても研究費はつかないよ」と言われました。でも、わたしとしては線虫をやめるつもりは毛頭なく、「日本で線虫研究者が少ないなら増やせば良い。そして、線虫研究のレベルを上げて、日本の線虫研究のプレゼンスを世界に発信できるようにすれば良い。そうしたら、わたし自身も充実した研究生活が送れるだろう」と考えていました。そんな気持ちでいたところ、九州大学の教授に就任された大島靖美先生が「線虫の神経生物学のラボを創設したい」と考えておられ、幸運にも、わたしを助手として採用してくださいました。渡米する前に「遺伝子の言葉で行動を語る研究がしたい」と、お茶の水女子大学の先生に話した研究ができることになり、とてもうれしかったことを覚えています。

■研究内容、継続の理由、今後の展望

線虫は、*C. elegans*（シーエレガンス）とも呼ばれる線形動物門の生き物で、土壌に生息して

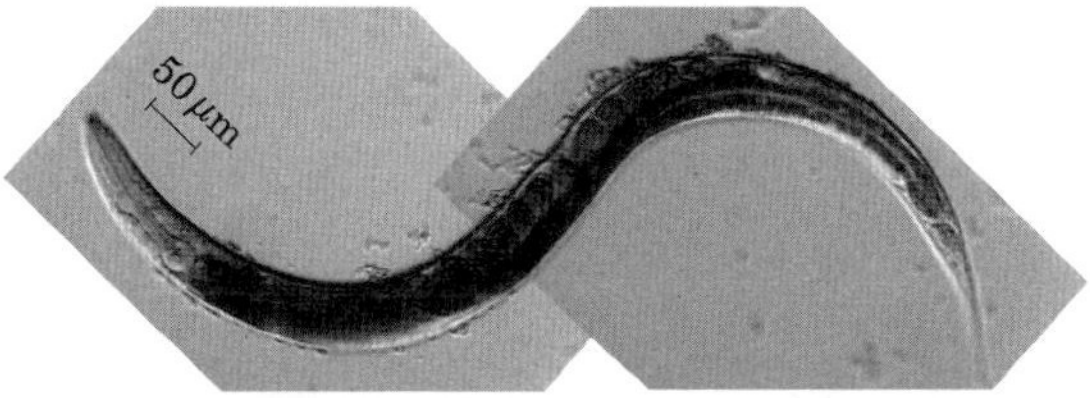

図1　線虫 *C. elegans*（シーエレンガンス）。成虫の体長は約１mm。通常は雌雄同体で、20℃ で飼育すると３日半で約 300 個体の子孫を産む。

細菌を食べて生きています（図1）。体長は約１㎜で透明なからだをもっています。１９８０年代の初めにイギリスの研究チームが線虫の細胞分裂のプロセスをすべて観察して、線虫のからだが９５９個の細胞でできていることを突き止め、86年にはジョン・ホワイトという研究者が３０２個ある神経細胞が約７０００か所でつながっている様子を明らかにしました。私は、ワシントン大学にいたときにそのことを知り、一つの生物のできあがる様子がこれほどはっきりとわかることにすごく感動しました。

九州大学の大島先生のもとで始めたのは線虫の「温度走性」という行動の研究でした。線虫は、飼育された温度を記憶しており、餌を十分与えられて飼育されると、温度勾配上でその温度域に移動するようになります（図2）。逆に餌を与えないと、温度勾配上で飢餓体験を感じた温度域を避けるようになります。この温度走性に関しては、すでに高い関心が寄せられていたのですが、実験科学として成立するのかわからないというので、敬遠されていたテーマでした。線虫が温度をどの細胞で感知す

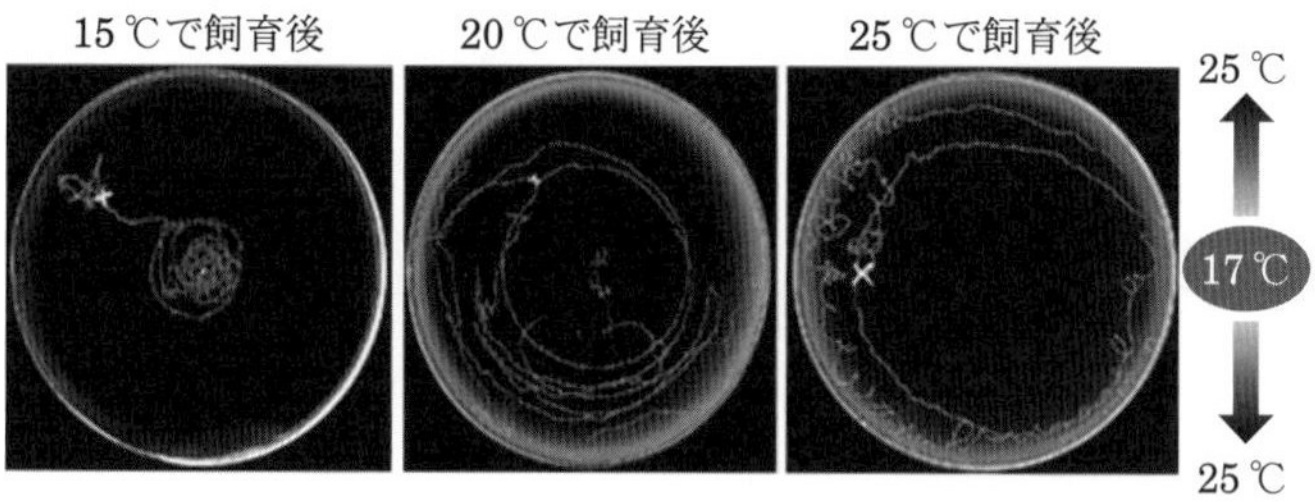

図2　線虫の温度走性。中心が約17℃、縁が約25℃の放射状温度勾配上に、線虫を置いた場合、15℃で飼育された個体は、低温である中心の17℃に移動し、20℃で飼育された個体は20℃付近に円を描くように移動し、25℃で飼育された個体は、縁の25℃に移動する。

るか、レーザーで線虫の神経細胞を一つずつ焼いて、温度を感じる細胞がどこにあるかを探りました。その結果、AFDという神経細胞が温度受容細胞だということが明らかになり、AFD細胞で受容される温度情報が伝達される複数の介在神経細胞も同定しました（I. Mori and Y. Ohshima, *Nature* 1995）。

さらに、名古屋大学に移って研究室を立ち上げた後、AFD細胞は温度の感知機能だけでなく感知した温度を記憶できる細胞であることも突き止めました。そして、「餌があった」「餌がなかった」という情報は、AFDと接続しているAIY細胞、AIZ細胞、RIA細胞という三つの介在細胞で認識されていることが分かってきました。すなわち、ある温度で「餌のある状態」で飼育された線虫は、AFDで記憶された温度情報と、AIY細胞、AIZ細胞、RIA細胞で認識される「餌があった」という情報を連合して学習し、「餌のあった飼育温度」が好きになり、その温度に向かって移動するのです

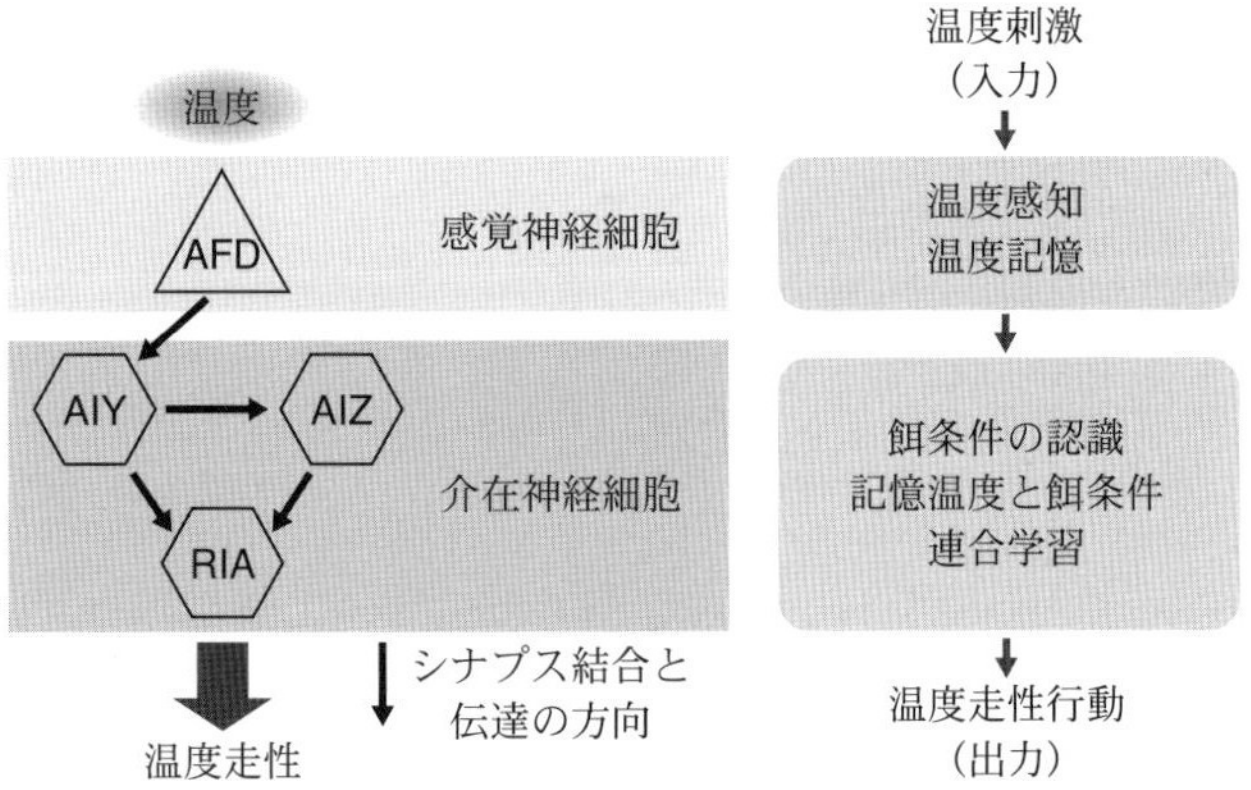

図3　温度走性の神経回路。温度は、おもにAFD神経細胞で感知され、記憶されていると考えられる。餌状態（餌があり満腹なのか、餌がなく空腹なのか）は、AFD細胞とは独立に三つの介在神経細胞（AIY、AIZ、RIA）で認識されると考えられる。線虫は、AFD細胞で記憶されている飼育温度の情報と、三つの介在神経細胞（AIY、AIZ、RIA）で認識される餌情報を連合して学習している。

（図3）。これらの一連の研究成果は、複数の論文として発表し（A. Kuhara, M. Okumura *et al., Science* 2006; M. Ikeda *et al., PNAS* 2020など）、神経回路動作原理の理解に貢献する成果として評価をいただき、時実利彦記念賞（２０１３）、中日文化賞（２０１６）、紫綬褒章（２０１７）などの受賞につながりました。

高校時代に動物行動学に興味を持ち生物学を目指した私にとっては、これはとても魅力的なテーマでした。このテーマは、温度がどのように中枢神経系に表現されるのか、あるいは温度記憶のメカニズムはどうなっているのか、また、温度記憶と餌環境の関連、記憶している温度と、線虫がその場で感じている温度との照合、さらには、照合した後で線虫がどのように運動の方向を決定するのかなど、興味の尽きないテーマがたくさんありました。ヒトの脳では、記憶は大脳皮質で行われ、学習や感情などは大脳基底核で行われています。線虫の「温度の好き嫌い」を決めている神経回路は、ヒトの「好き嫌い」を決めている脳構造と、良く似ています。私たちは、線虫の温度走行の行動を解析することによって、ヒトの脳がどのようにして「心の営み」を作り出しているかを明らかにできるのではないかと考えています。

■猿橋効果

猿橋賞は、職業上の男女格差がある中、特に自然科学の研究分野において男子の力が圧倒的に強い状況の中で、多くの女性科学者を励ますことができるよう、顕著な研究業績を収めた女性科学者に、毎年、賞を贈呈するものです。わたし自身、正直、その効果がよくわかりません。ただし、猿橋賞を受賞した後は、取材を受ける機会が増えましたし、研究内容などをこれまでとは違ったメディアに取り上げていただいたりもしました。これまでなかった人との繋がりが増えたように思えます。そのことは、女性科学者や、科学者を志している女子学生にとって、励みとなっているのかもしれません。また、そうであってほしいと思っています。

■後輩に伝えたいこと

好きなことを見つけて、やり続けてほしい。そもそも、好きなことを見つけること自体が、難しいことかもしれません。でも、自分の心に素直になれば、きっと見つかることでしょう。わたし自身のことを振り返ってみると、「好きなこと」や「やりたいこと」、そして「実現させたいこと」を、いつも大切にしてきたように思います。自分の行動の結果は、すべて受け入れる。たとえうまくいかなくても、すべてを受け入れる。アメリカでの生活が、わたしにこういう考え方を自然と身につけさせてきたのでしょう。やりたいことをやり続けて、壁にぶつかっても、とにかく投げ出さないでほしい。好きなことを継続していくと、これまで見えなかったものが見えてきます。生命現象の謎を突き詰めていくことは、狭い世界に身を置くように思えますが、実は、きわめていくことによって、どんどん世界が広がってくるのです。そしてそこには、生きている実感が生まれ、他人との比較の呪縛から解き放たれます。この「好き」という感情はとても尊いものです。理由が分からなくても良い。この気持ちを大切にして欲しいと思います。

略歴

１９８８年　米国ワシントン大学生物医学系大学院博士課程修了、Ph. D.
１９８９年　九州大学理学部生物学科助手
１９９８年　名古屋大学大学院理学研究科独立助教授
２００４年　名古屋大学大学院理学研究科教授

２０１７年　名古屋大学大学院理学研究科附属ニューロサイエンス研究センターセンター長・教授

受賞歴

２０１３年　時実利彦記念賞
２０１６年　中日文化賞
２０１７年　紫綬褒章

論文

Neural regulation of thermotaxis in *Caenorhabditis elegans*. Mori, I. and Ohshima, Y., *Nature* 1995, 376: 344-348

Temperature sensing by an olfactory neuron in a circuit controlling behavior of *C. elegans*. Kuhara, A.*, Okumura, M.*, Kimata, T., Tanizawa, Y., Takano, R., Kimura, K. D., Inada, H., Matsumoto, K. and Mori, I. (*equally contributed), *Science* 2008, 320: 803-807

Context-dependent operation of neural circuits underlies a navigation behavior in *Caenorhabditis elegans*. Ikeda, M., Nakano, S., Giles, AC., Xu, L., Costa, WS., Gottschalk, A. and Mori, I., *Proc. Natl. Acad. Sci. USA* 2020, 117: 8178-6188

学会・社会活動

日本医療研究開発機構（ＡＭＥＤ）プログラムオフィサー

理化学研究所脳神経科学研究センター（ＢＳＡＣ）アドバイザリーカウンセル委員

線虫神経科学国際会議２０１６（CeNeuro2016）統括オーガナイザー

発見のわくわくを糧に

(第27回) 高薮《たかやぶ》 縁《ゆかり》

■甲府盆地にいた頃

山梨県の甲府市で生まれ育ちました。実家は小さな書店を営み、幼稚園までは書店と家とを往復していましたが、小学生の頃からは書店の2階に住んでいました。運動も勉強もなんでも出来の良い姉と2人姉妹で、私は小さい頃身体がやや弱く、3月生まれで友達より身体も小さく運動が少し苦手で、なんだかパッとしない子供時代でした。ただそれで不満があったということもなく、漫画本は叱られながらも立ち読み放題、友達もいつも何人かはいてくれて、少し大きくなってからは一人で過ごすのも苦にならない性格で、勉強といえば、8月末に貯めてしまった夏休みの宿題をやっつけるのに苦労したくらいの、のんきな毎日だったように思います。小学校4年のころ、頭痛のため半年くらい学校を休みがちな時期があり周りに心配をかけましたが、それもいつの間にか治ってしまいました。読書は好きでしたので、小学校の図書室の面白そうな本はほぼ読んでしまって困ったという記憶があります。

理系の道に進んだのは、小さな頃から道端の草花や虫などの自然が好きだったこと、優秀な姉が文系だったので私は理系で生物が好きくらいの理由で、なんとなく理系と決めていました。小学校の帰り路、学校のカラタチの垣根からアゲハの卵や黒い小さな幼虫をとってきては育てて蝶にしていました。

高校は家から遠く、家は甲府の町の北部、学校は南部だったので、朝は扇状地を自転車で25分くらい駆け下り、帰りは35分くらいかけて坂を上って帰ります。冬は八ヶ岳おろしの北風に逆らいながらの上りでしたので、きつめのトレーニングになっていました。生物部植物班に所属して、通学途中の河川敷のサイクリングロードでは、植物採集もしました。今の感覚では、女子高校生が一人河川敷で道草は、危ないですね。ともあれ、坂道の自転車通学で蓄えた体力のおかげで小学校のころのひ弱さは消え去り、その後数十年にわたり元気な生活を送ることができたと思います。

高校2年のときに、American Field Service（ＡＦＳ）という交換留学制度の世話になり、米国ノースカロライナ州ゴールズボロという町に1年留学させていただきました。ホームステイして地元の高校を卒業するプログラムで、ホストファミリーやホストシスター、それからそこの親戚の方々には本当によくしていただきました。この年になると人生の中のそれぞれの1年のことはそんなにたくさんは覚えていないのですが、アメリカで過ごしたこの1年の生活の一瞬一瞬は、山ほど鮮明に覚えています。感受性の強い時期に、まったく違う文化の中に一人で入ってみるということが、人生に大きな影響を与えてくれたと思います。

■気象学研究との出会い

帰国して大学受験をしたときには生物系への進学を考えていたのですが、東大の生物学科はミトコンドリアなどの細かなものの学問が中心のようで、もう少し目に見える大きさの生物をイメージしていた私はここで宗旨替えをしました。今にして思えば、農学部進学を選択すればよかったかと思うのですが、駒場ではオーケストラの部活三昧になってしまっており、情報収集も十分しませんでした。一方で、ちょうどその頃、ゼミで、南極の氷コアを深く掘って調べると昔の気候がわかるという話を聞き、地球物理に興味を持ちました。東大は進学振り分けといって、2年生の夏に進路希望を出すのですが、教養で遊んでいたために、生物系の理Ⅱから数物系の地球物理という4人の狭い枠の競争に敗れ、駒場で3年過ごすことになりました。経済的に余裕があったわけでもない両親が、何も言わずに好き勝手な大学生活を送らせてくれたことには、心から感謝しています。

そのころは反省して少しは勉強もしておりましたが、翌年には、地球物理学科に入れてもらいました。地球物理学科で地震、超高層大気、固体、海洋、気象といろいろな講義を受けながら、実は台風の発生は、まだきちんと解明されていないのだということを知り、ぜひそういう熱帯の気象を研究してみたいと思い、大学院では気象学専攻を希望しました。まったく偶然の出会いに依存した進路決定でしたが、最終的にはあまり困らず食べていけるだけの仕事が何かできればよいし、それは大丈夫だろうと思っていましたので、比較的自由に道を選んでいけたのだと思います。世の中もまだ右肩上がりのよい時代でした。

当時の地球物理学科は1学年16人で、お互いをよく知った仲間になるにはよい人数でした。特に4年生は控室という名前の一室を占拠して、ほぼ毎日をそこで過ごし、夜はよく一緒に飲みました。そのころの同級生は今でもよい仲間です。

大学院の気象学専攻では、故岸保勘三郎教授という、日本の気象庁の数値天気予報を立ち上げた先生と松野太郎教授（当時助教授）という世界に名を轟かせる大気波動の理論研究者の先生方が率いる研究室で学ばせていただきました。修士課程では、その当時初めてできた全球の格子化気象データ（FGGE客観解析データ）を使い、熱帯の「偏東風波動」と呼ばれる台風の種となる大気擾乱を解析しました。助手の故新田勍先生に指導していただいた学部演習の続きでしたが、新田先生は途中で気象庁に移動されてしまい、周囲の先輩方やもう一人の助手の故中村一先生に話を聞いていただきながら解析を進めたように記憶しています。就職も決めた修士課程の最後でしたが、自分の手による解析で誰も知らないことがわかってくるという実感は、大変わくわくするものでした。

その当時は、いまのようなポスドク（博士号をもった任期付研究者）としての就職先はなく、大学に残るか国立の研究所の研究員になるのでなければ、オーバードクターの学生として無給で大学においてもらうかしかない状況でした。近くの研究室に優秀で名の知れた先輩がオーバードクターでいらしたので、私は修士を終えたら当然外に就職せねばと思っていました。実は当時は知らなかったのですが、その頃、同級生の男子には背丈まで積みあがるほどの就職情報誌が届いていたのに、私にはそのようなものは一冊も届きませんでした。これはだいぶ後になって知り衝撃を受けた事実でした。

タイプライターしかない時代でしたので、データ解析は終えたものの執筆に手をつけるのが遅い私がぎりぎりになって書いた修士論文は、手書きの英文を片端から松野先生の秘書の工藤さんがタイプしてくださり、ほぼ同時進行で松野先生がコメントをくださるという非常に切羽詰まった数日の末に完成しました。ほぼ一気に仕上げた修士論文を松野先生に褒めていただいたのは大変うれしく、後にまたこの分野に戻ってくるきっかけとなったと思います。もっとも、イントロダクションは、松野先生が加筆してくださった参考文献レビューのおかげで、オリジナルよりだいぶ高尚になっていました。

■社会に出、研究に戻る

修士論文提出と結婚式を3月末に済ませ、4月からはいよいよ社会人として凸版印刷株式会社で働かせていただきました。ちょうど男女雇用機会均等法施行1年目の年で、配属は、情報システム開発本部という印刷やパッケージ関係のソフトウェアの開発部署でした。半年ほどの研修を受け、それに続く1年半ほどは、チームに分かれてソフトウェア商品の展示会への展示作成などをしました。働き出して1年ほど経ち、修士論文の最後に味わった研究の楽しさを思い出していたところに、つくば市にある環境省の国立公害研究所（現・国立研究開発法人 国立環境研究所）で気象関係の研究員公募がありました。まだまったく役に立たないうちに会社には申し訳ないと思いましたが、国家公務員上級試験が採用条件でしたので、働きながら急遽、国家公務員試験を受けました。

国立公害研究所での研究室長の植田洋匡先生は乱流研究の先端研究者でいらっしゃいましたが、私はまず博士論文を書くこと、そして投稿論文を頑張りなさいとおっしゃってくださいました。修士卒でしばらく研究を離れていましたので、研究を始めるのにはだいぶ始動時間がかかりました。研究室の先輩の参加する観測実験（対馬で集中豪雨の観測ネットワークの一つを受け持つ）や、出身の東大の気象研究室の住明正教授の率いる国際熱帯観測実験 TOGA-COARE（後述）への参加など、いろいろな体験をさせていただきながら、修士論文で行った研究を発展させる研究を目指しました。ちょうど、気象衛星ひまわりが上がって10年が経ち、ひまわり観測による熱帯の雲のデータが蓄積されてきた頃でした。この衛星観測雲データ（赤外輝度データ）を利用して、熱帯の波動状の雲変動を解析することにしました。気象庁にいらした故新田勍先生と相談し、気象研究所の故村上正人博士、中澤哲夫博士のご助力を得、ひまわり画像を利用しやすい形に変換したデータを利用させていただきました。

ひまわりの雲データで熱帯の雲活動を調べると、数千kmスケール、数日スケールで波動状に伝播する振る舞いをする雲の動きが、これまで「偏東風波動」として漠然と捉えられてきたのですが、実は松野教授が昔理論的に求めた「赤道波」と呼ばれる波のいくつかの種類に対応した振舞いをしていることがわかってきました。そこで10年分のひまわりデータを使い時空間スペクトル解析をしてみると、赤道波の五つのモードが見事に雲のスペクトルとして現れたのです。さらに面白いことには、この赤道波の深度特性が、松野先生の導出された理想的な流体で求められるものよりはるかに浅く、波が積雲対流活動と結合することによって特性の変化が起こっていることがわかりました。そこでこれを「対流結合赤道波」と呼ぶことにしました。対流結合赤道波の特徴的な「深度特性」は、対流と大気波動との結合メカニズムを示唆しているはずなのですが、実はまだきちんとわかっていない問題です。

ところで、この頃（1990年頃）の「スーパーコンピューター」の「大容量記憶装置」の割り当ては一人当たり100MBでした。（今は、メモリスティックでも1GB未満のものを探すのは難しいですが。）ひまわりの雲データは、ひと月分が1本のオープンリールというちょうど両手で輪を作ったくらいのサイズのテープにきっちり収まっていて、大体110MBありました。

12か月10年分のデータは、これが120本分ということになります。1本のオープンリールを一度に落とせないサイズの記憶スペースでは、何もできません。そこで、5〜6人の同僚の研究者に協力を仰ぎ500〜600MBの「大容量」記憶スペースを集め、1本読んでは必要なデータを切り取り、また別のテープを読んでは必要部分だけ切り取り、ということを、せいぜい4〜5本しか持てない重いテープを遠くの計算機室までせっせと運んで往復しながら繰り返したのをよく覚えています。ほぼ肉体労働のデータ解析から、期待しなかった物理の存在を示す美しいスペクトル分布が現れたときは、鳥肌がたつ感動を覚えました（Y. N. Takayabu, *J. Meteor. Soc. Japan* 1994）。

このスペクトル分布を目玉として博士論文を書いていたちょうどその頃、赤道域で、Tropical Ocean and Global Atmosphere - Coupled Ocean Atmosphere Research Experiment（TOGA-COARE）という、数か国による熱帯の大規模な国際観測が展開されました。日本の気象観測を率いられた住明正先生の下、観測に参加することができました。そのとき、日本の観測船に乗る選択もあったのですが、私は、オーストラリアとソロモン諸島で展開されていた航空機観測実験の基地を訪問し観測を見せてもらいたいと言い、その頃東京大学気候システム研究センターに戻られていた新田勍教授の支援で観測に派遣していただきました。オーストラリアのタウンズビルという海軍基地の町では、NASAがDC-8、ER-2（DC-8は昔の旅客ジェット、ER-2は成層圏を飛ぶ偵察機を観測機にしたもの）を備えた観測基地を展開、ソロモンのガダルカナル島ホニアラという町では、アメリカのワシントン大学が中心となってＥｌｅｃｔｒａ、Ｐ-３、Ｃ１３０（ＥｌｅｃｔｒａとＰ-３はプロペラ機、Ｃ１３０は大型輸送機）を運用していました。この国際観測の科学目的の一つは、私が博士論文で扱っていたのと同じ熱帯の積雲対流と大気擾乱との結合機構の解明でしたので、それを捉えるための気象観測は、何もかも興味深く、観測機にも乗せてもらった経験は、その後の研究の栄養になりました。ホニアラで一緒に過ごしたアメリカの大学生の何人かは近い分野の研究者となり、その後長く今でも交流しています。

この国際観測から帰国し、博士論文を執筆した直後、ＮＡＳＡゴダード宇宙飛行センターのビル・ラウ博士の研究室のポスドクに採択され、熱帯対流の解析に携わるため、１９９４年１月から夫とともにメリーランド州に1年間滞在しました。後に熱帯降雨観測衛星の仕事でお世話になる井口俊夫博士、および、その日米の衛星計画をまさに立ち上げられた畚野信義先生とここでお会いし、公私にわたってお世話になりました。ここでは、TOGA-COARE で取得された観測データを用いた解析の結果、私の博士論文で発見した対流結合赤道波を見出すことができ、大変嬉しかったです。若いころは、このような観測が今後もあるように思ったのですが、その後これほどの大規模な観測実験は行われず、自分自身が博士論文を書いているよいタイミングで貴重な機会を与えられた幸運を後から痛感しました。博士論文とこの頃の研究とを評価していただき、１９９８年に日本気象学会賞をいただきました。これは研究の大きな励みになりました。

さて、メリーランド滞在中に長男を妊娠し、同時に卵巣嚢腫とその検査による腹膜炎を発症してアメリカで大手術を受けるはめになりました。11月に入院し、復帰時にはすっかり冬になっていました。アメリカの病院で印象的だったのは、流動食から固形食に変わったときにいきなり巨大なハンバーガーが出てくること、まだ傷もろくに治らないうちに退院させられることです。つくづくたくましい国民と思いました。幸い子供への影響もなく回復し、帰国後長男も無事生まれました。

その頃は、妊娠出産のために科研費を先延ばしする措置もなく、自分の研究は自分一人しか担う人もいなかったため、私は幸い妊娠中の体調がきわめてよかったので、出産の3日前まで働き、産休後はすぐに職場に戻りました。長男を預けた認可保育園は、0歳児の慣らし保育を産休明け前から開始してくれました。昼休みには母乳を与えに保育園に通い、まったくドタバタと子育てと仕事をなんとかこなす毎日でした。ずっと支えてくださった国立環境研究所の歴代上司の植田先生、鵜野先生、神沢先生には大きな恩義があります。

ドタバタしながら3年違いで次男が生まれた1998年は、非常に大きな97/98エルニーニョの終焉の年であり、熱帯域の雲活動は非常に興味深い顕著なものがありました。特に1998年5月に地球全体に影響するような赤道上の大きな積雲群（マッデンジュリアン振動（MJO）と呼ばれる現象の仲間）が、ちょうど1か月で地球を一周した現象を見つけました。そもそも通常このような積雲群は海面水温の低い経度で消えてしまうので、地球を一周するようなことはあまりないのです。そして、この巨大な積雲群に伴う東西風が大エルニーニョの急速な終焉の引き金を引いたことがわかり、数十日規模の現象が数年規模のエルニーニョ現象に大きく影響し得ることを示すことができ、この論文は『ネイチャー（*Nature*）』誌に掲載されました（Y. N. Takayabu *et al., Nature* 1999）。恩師の松野太郎先生が、子供が生まれて忙しかった時代に却ってよい仕事ができたとおっしゃっていたのを思い出し、踏ん張らねばと思ったところでした。

■大学に仕事を得る

家を建てるのとほぼ同時に次男が生まれ、近くの公立保育所に移ったころ、東京大学の駒場リサーチキャンパスにある気候システム研究センターの助教授への異動が決まりました。家を建てると遠くに転勤すると話していた冗談通りになり、つくばの自宅と駒場との通勤は、慣れても片道2時間15分、それからは職場が近い夫がもっぱらで子供の送り迎えを担ってくれました。

東大駒場時代は通勤が大変でしたが、週1日はもとの所属の環境研に机と端末をお借りしてなんとか乗り切ることができました。最初の学生は清木亜矢子さんで、一緒に勉強しながら熱帯気象の研究を楽しく進めることができました。清木さんには、その頃興味のあったＭＪＯとエルニーニョ現象との相互作用についての研究を進めてもらいました。つまり、多くの研究が指摘しているようにＭＪＯがエルニーニョ開始のきっかけに、また1998年のエルニーニョで私達が示したようにＭＪＯがエルニーニョ終焉のきっかけになること、の逆向きに、エルニーニョ現象の状態によってＭＪＯの雲群が赤道西風強化をもたらすかどうかが変化するという効果を解析し、巨大雲群とエルニーニョ現象とが「相互作用」する系であることを示しました。清木さんはこのテーマで博士号を取得し、現在はＪＡＭＳＴＥＣ（国立研究開発法人　海洋研究開発機構）において大気海洋相互作用の研究者として活躍しています。

少し戻って１９９７年の11月末には、以降、私が深く携わることになる熱帯降雨観測計画（Tropical Rainfall Measuring Mission：ＴＲＭＭ）の衛星が種子島から打ち上げられました。これは、日米共同の衛星ミッションで、日本の作成した衛星搭載レーダによる世界で初めて宇宙からの降雨立体観測を実現したものです。ＴＲＭＭの立ち上げのとき、博士論文でお世話になった故新田勍教授が日本の科学者グループをまとめるプロジェクトサイエンティストを担っていらしたのですが、ＴＲＭＭ衛星の打ち上げ成功を見届けられた後まもなくご容態が悪化して亡くなってしまいました。初画像が届いた12月８日は新田先生のご葬儀の日でした。私は新田先生の遺志をついで、ＴＲＭＭ衛星観測を使って立派にサイエンスを進めることを心に誓いました。

さて、駒場時代は１日４時間半を通勤時間にとられた無茶な生活でしたので、とにかく夫と２人で１日１日をやっと乗り切るという感じでしたが、振り返ってみると、それでもなんとか研究と教育をし、論文を書いていたのだなあと思います。幸いなことに気候システム研究センターは２００４年に柏キャンパスに引っ越し、通勤時間がはるかに短くなりました。

子供たちが小さい頃には海外出張の機会も増え、２回ほどは夫婦そろって子連れでカナダやハワイの学会に出かけてみましたが、同じ分野のこともあり交替では十分出られない、子供は時差を調整してくれないので夜眠れないなど、これは無理だということになり、それ以降子連れ海外出張はすっかり諦めました。その2回のドタバタも今は懐かしい思い出なのですが。しかたないので、子供が小さいころは、数少ない海外出張に出かけるときも、5日の会議を自分の発表の前後で3日に短縮したトンボがえりばかりでせわしなかった覚えがあります。子供が小さい頃は、横浜の義母が2〜3日応援に来てくれましたが、夫が一人で頑張るということも多くありました。帰りの空港ではせっせと子供にお土産を買いましたので、小学生くらいになると、息子たちは私よりスーツケースが楽しみだったようです。

長男が小学校6年生、次男が3年生のとき、猿橋賞をいただきました。私などにはとても畏れ多い賞でしたが、猿橋先生もご存命でお目にかかることができ、科学者はフィロソファーたれのお言葉も直接いただくことができました。立派な賞をいただいて励まされ、周囲からも応援していただき、それに値する頑張りをしなければという気持ちになりました。長男は、中1では仲間が多く楽しい毎日だったのですが、中2になって学校へのストレスが一気に爆発した日々となり、それから数年は、私も仕事をなんとか続けるだけで精一杯でした。中1で楽しかった様子を見て油断し、話を聞いてやる時間が足りなかったなあと大いに反省しました。しかし、その長男も今は神奈川の市役所に就職し、昨年結婚し、今ではしっかり社会で働いています。子供の思春期のあがきは、つらいけれども、本人だけでなく親にとっても生き方を考えるよい機会になったと思っています。

2014年にはTRMMミッションの観測域を南北35度から南北65度に拡げた全球降水観測(GPM)計画の主衛星が打ち上げられ、種子島で初めて衛星の打ち上げを見せていただきました。昔新田教授がプロジェクトサイエンティストを務められていたTRMM計画は、降水の科学を書き換える貴重なデータを蓄積してGPMに引き継がれました。宇宙からの降水の立体観測の蓄積は、驚くような知見をもたらしてくれました。たとえば、1億個近くの降水域の立体データを利用して、もっとも強い豪雨をもたらす降水システムは、非常に不安定な大気状態で生まれる背の高い積乱雲からではなく、比較的背が低くさほど雷もならないシステムで生じることが統計的にわかりました(A. Hamada *et al., Nat. Commun.* 2015)。今度は自分がGPMプロジェクトサイエンティストとして、降水ミッションの日本の科学をまとめさせていただく重責を十分に果たしていくことを念頭に頑張っています。

現在、アメリカの次の大きな衛星観測ミッションACCP(エアロゾル、雲、対流、降水)が計画されつつあります。これまでのように日米でのミッションではないため、日本のレーダが載るかどうかもまだ不明なところがありますが、国際ミッションでの活躍の場が後進に残るよう頑張っているところです。現在、地球温暖化の影響が深刻になり、それが雨の降り方にどのように影響し、将来さらにどうなっていくのかが、研究者としての重要なテーマであり、それに誠実に答えていくことが、自分の社会に対する責任と考えています。日本における地球衛星観測の重要性を訴え、2020年7月には、日本学術会議から「持続可能な人間社会の基盤としての我が国の地球衛星観測のあり方」という提言も発表しました。研究室では博士課程、修士課程、ポスドクそれぞれがこのコロナ禍の中でも頑張って研究を進めています。家族の方は、現在大学生の次男が、自分の進路を手探りで探しているところです。

これまでの研究人生を振り返ると、私自身は、最初からさほど大きな野心ももたず、自分の好きな研究で世間に食べていかせてもらえたらありがたいという気持ちで、目の前の仕事や、そのときどきに自分に与えられた役割をこなすような生き方をしてきたかもしれません。研究の持続を支えてくれたのは、時折訪れる、自然の仕組みを発見するわくわく感でした。少し反省して振り返ると、器の問題かもしれませんが、もっと早くから科学者として大きな将来の夢を描き、それを戦略的に実現していくという生き方もあったのかもしれないと思います。この頃の若い女性には、大きな夢をもつ人も増えたように思いますが、それでも海外に比べるとまだまだ控えめにも思います。大きな夢を描いてチャレンジしていくような女性科学者がどんどん現れてほしいと思います。

略歴

1983年　東京大学理学部地球物理学科卒業
1985年　東京大学大学院理学系研究科修士課程修了
1985～87年　凸版印刷株式会社

１９８７～２０００年　環境省国立公害研究所（現・国立研究開発法人　国立環境研究所）主任研究員
１９９３年　東京大学　博士（理学）取得
２０００～07年　東京大学気候システム研究センター（現・大気海洋研究所）助教授
２００７年～現在　東京大学大気海洋研究所教授（２０１９年～　副所長）

受賞歴

１９９８年　日本気象学会賞
２００７年　甲府南高校栄誉賞
２０２１年　アメリカ気象学会フェロー

論文

Large-scale cloud disturbances associated with equatorial waves. Part I: Spectral features of the cloud disturbances. Takayabu, Y. N., *J. Meteor. Soc. Japan* 1994, vol. 72, 433-449
Abrupt termination of the 1997-98 El Nino in response to a Madden-Julian oscillation. Takayabu, Y. N., Iguchi, T., Kachi, M., Shibata, A. and Kanzawa, H., *Nature* 1999, vol. 402, 279-282
Weak linkage between the heaviest rainfall and tallest storms. Hamada, A., Takayabu, Y. N., Liu, C.

and Zipser, E. J., *Nat. Commun.* 2015, Vol. 6 (6213), doi: http://dx.doi.org/10.1038/ncomms7213

学会・社会活動

日本気象学会

日本惑星地球科学連合

アメリカ気象学会

日本学術会議連携会員

若い女性研究者の方へ——もし参考になれば幸いです

（第28回）野《の》崎《ざき》京《きょう》子《こ》

■思いがけず研究者になりました

１９８５年に制定された男女雇用機会均等法が１９８６年に施行されました。私は学卒１９８６年。求人情報から「男子」「女子」に限定する言葉が消えました。翌年、大学院に進学した私が目にした各メーカーの求人パンフレットには、学卒で就職した同期の女性たちの作業服姿の笑顔があふれていました。バブル景気も手伝い、若い女性が皆、新しい時代の到来を疑わなかったころ。10年、20年もすれば、「昔はねえ、女性だっていうだけで大変だったらしいよ」と、酒席の昔話になるはずでした。そして今、均等法施行から30余年。明文化された機会不均等は見当たらず、こと研究者については女性限定の求人が設けられるなど、国を挙げて女性を採用しようとさまざまな努力が続けられています。なのに…。なんか増えた実感がないですね、女性比率。

私自身は、諸先輩が切り開いてくれた道を、何不自由なくのほほんと歩いてきました。世の中は自然に変わっていくと思っていました。けれど停年まであと10年となった今、さすがにこのままでは何も変わらないような気がしてきました。せめてこの駄文が若い女性研究者の元気の素になればと思って書いています。

大阪府高槻市の出身です。大阪市と京都市の中間に位置するいわゆるベッドタウンで、私が子供のころは新興住宅エリアと田畑が混在していました。小学生のころは日が暮れるまで遊んでいました。公園で缶蹴り、子供会のチームでキックベース。家の前の道でゴム飛び、アスファルトにロウ石で線を引いてドッジボール。公園の周りを1周する自転車競走ではいつも1番だったなあ。体が大きかったので、男の子に負ける気がしませんでした。大阪教育大学教育学部附属池田中学校、同高等学校を経て京都大学工学部工業化学科に入学。3年生までは何とも学業に身の入らない生活でしたが、卒論研究で実験化学の面白さに目覚めました。研究分野は有機合成を指向する有機金属触媒反応の開発でした。直接ご指導くださった大嶌幸一郎先生の自主性を大切にするという指導方針のもと、卒論生であっても、あたかも自分で考えて研究を進めているように勘違いできたことが研究者を目指すきっかけになりました。仮説を実験で検証するプロセスにすっかり夢中になり、とにかく研究を続けたくて大学院に進学しました。両親はいずれも京大大学院工業化学の先輩で、工学博士です（父は旧制）。周りの男子学生と同じように大学院の願書を提出しようとする私に、父が「女が大学院行ってどうすんねん」と言っていたような気がしますが、気にも留めなかったのであまり覚えていません。修士修了時には就職か進学かで迷いましたが博士号があっても邪魔にはならないだろうと思い進学、指導教授の内本喜一朗先生のお取りはからいで、博士1年から2年にかけて1年間、カリフォルニア大学バークレー校に留学させていただくことができました。

留学で生き方が変わったように思います。中学のころからうすうす感じ始めていた「女の子、かくあるべき」的なねっとりした空気に知らず知らずのうちに手足を絡めとられ、何かと不自由だったのです。一方、カリフォルニアの空気は、からっと湿度が低くて、とても軽く、のびのびと全身を動かせました。言いたいことはちゃんと言う。でも、言った後はニッコリして後には残さない。まずはアクション、あとで誤っていたことに気づいたら、そのときあらためればいい。そんな「生きやすさ」を身につけることができました。

帰国後、今度はスイスで博士研究員として働こうかと計画していた博士課程3年のときに、隣の研究室の高谷秀正先生に助手にならないかとお声掛けいただきました。先生は、「あなたの元気を見込んで一緒に研究したい」とおっしゃいました。研究能力とか専門知識とかではなく、ですね。もちろん、元気は研究能力の一つではありますし、結果的にそれだけで今まで30年近く過ごしてきた気もしますが…。この時期、「とにかく新しいことを始めなくてはならない」という強迫観念に追われ、いろいろな分野を勉強しました。日本化学会年会では分子認識、生体機能関連などの会場に潜り込み、面白そうな発表を聞くと、後日アポをとって話を聞きに行ったりしました。結局、ちゃんとした研究成果につながったものがあるかははなはだ疑問ですが、このときに興味の幅を広げられたことが、その後の研究者人生をとても豊かにしてくれました。いろいろな分野の話を聞いて、ディスカッションに参加できるのは、とても楽しいことです。

■就職、結婚、出産

博士課程を修了して助手になったのが1991年4月。高谷研の「均一系触媒反応の開発」という枠の中で、新しい展開をすることを期待されていました。そんな中、まだ十分な結果も出ていないのに1992年は結婚、妊娠、第1子出産とライフイベントが目白押しに。高谷先生は女性を採用したことを後悔されていたのではないかと今になって思います。同僚の太田哲夫先生にはずいぶん助けていただきました。ありがとうございました。幸いつわりも軽く、快適なマタニティライフで、出産までは、それほど研究への支障は感じませんでした。予定日の1か月前ごろ主治医に「そろそろ産休をとった方がいいでしょうか?」と聞いたところ、「家でゴロゴロするくらいなら、仕事でもなんでも体を動かしなさい」と言われてしまいました。いつものように午後8時に帰宅した夜、未明に入院し、翌朝8時に出産。朝10時ごろ電話で、「今しがた生まれたのでしばらく休みます」と報告しました。一般的には妊娠生活にはトラブルも多いようなので、ほんの参考程度まで。健康に生まれてくれた長男に感謝です。退院後、生まれたばかりの長男と狭いアパートの一室に閉じ込められていた数週間が、今までの人生の中で一番つらかったように記憶しています。家事全般は夫の担当でしたし、母も手伝いに来てくれていたのですが、昼夜問わず2、3時間おきにわけもわからず泣く赤ちゃんと、世の中から隔絶された密室で2人きりでいるのは精神的にきつかったです。生後6週間で保育園の慣らし保育が始まって、1日に数時間だけでも研究室に戻れたときは、本当に救われた気がしました。

一方で、産休で在宅していたこの時期が、私の研究者人生において重要な意味をもつことになりました。たまたま持ち帰っていた雑誌に取り上げられていたのが、オレフィンと一酸化炭素（CO）の共重合反応でした。当時、高谷研では高谷先生のライフワークである触媒的不斉合成を、それまでの水素化反応からカルボニル化反応に展開、不斉ヒドロホルミル化を検討していました。このとき、同じオレフィンのカルボニル化であるならば、ヒドロホルミル化で使ったキラル触媒を重合に使えないかと思い立ったのが、私が高分子合成に関わることになったきっかけです。医薬・農薬などを作るのに役立つ手持ちの手法が、プラスチックを作るのにも使えることに気づいたわけです。期待されていた新しい展開に結び付けることができました。ちなみに次男が生まれたころ（これも幸い安産でした）、二酸化炭素の化学変換にも手を出し始めたので、妊娠・出産という不連続の機会が、新しい研究に展開する転機になったとも言えそうです。以降、医農薬中間体などのファインケミカル合成と、汎用樹脂まで含めた高分子合成という二つの出口――活躍の場こそ違え、役に立つ分子を効率よく作る――を意識して、均一系触媒の開発研究を

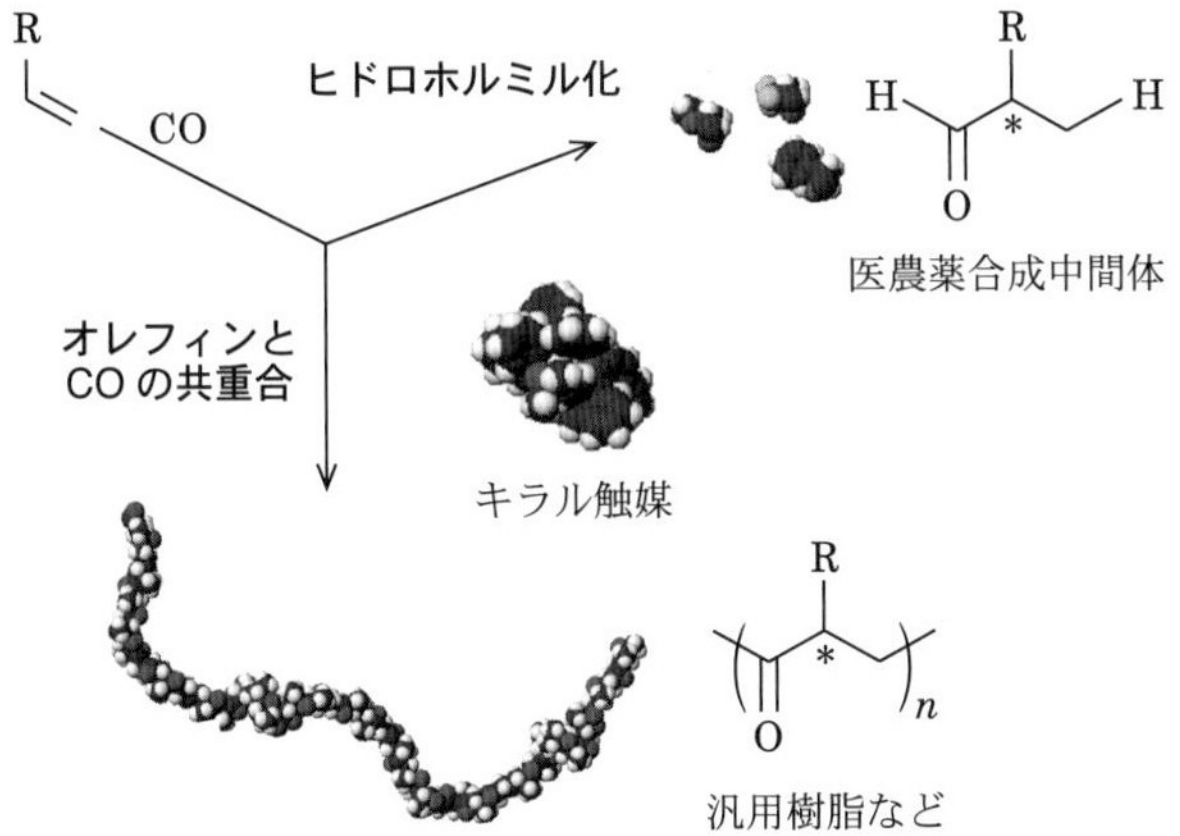

図１　触媒開発は医農薬合成中間体などのファインケミカルから汎用樹脂に至る広範囲の産業に貢献できる。

続けています（図1）。

幼い長男を寝かしつけた後、何度も繰り返し読んでいたのが、相馬芳江先生にいただいた、猿橋賞受賞者の先輩方が書かれたエッセイでした。当時、保育園のお迎えのために午後7時には研究室を出る生活でした。子供が発熱すると保育園からのお呼び出し。抜けられない事情があるときには夫にも負担してもらいましたが、やはりどうしても、それまでと比べて研究に割ける時間が激減し、こんなことで世界を相手に競争に勝てるのだろうかと不安を感じていたころでした。身近にロールモデルとなる女性研究者はいませんでした。同じ化学の分野でご活躍の黒田玲子先生、川合眞紀先生の書かれた文章がとても記憶に残っています。必ずしも恵まれた環境でのスタートでなくても、バイタリティーでどんどん道を拓いてこられたことを知り、とても励まされました。有機金属討論会で森美和子先生からいただいた次の言葉も、大切な心の支えになりました。先生は、独身のときは「今はいいけど、結婚したら研究を続けるのは無理だよ」と言われ、結婚すると「子供ができたら無理」、第1子が生まれると「2人目ができたら無理」と周囲から言われ続けたそうです。「でもね、2人目が生まれたら誰も何も言わなくなったわよ。あっはっは」。明るく笑う森先生の貫禄に、いつかは先生のようになりたいと強く思いました。

■夫を単身置き去りにして東京へ

2002年、小学4年生になる長男と3歳の次男を連れて、夫を京都に残し、東大に赴任しました。研究室を主宰することの責任とやりがいを感じつつ、誰一人頼る知り合いのない土地での子育て生活をスタートしました。よく、「大変だったでしょう」と言われるのですが、この時期、不思議と大変だったという記憶がないのです。とにかく目の前の事象に対処することに精一杯で、忙しいとか大変だとか思う暇がなかったのだと思います。やることがたくさんあるのは、いいことですね。長男にはとても助けられました。当時、午後7時にラボを出て、7時15分閉園ぎりぎりに保育園に次男を迎えに行っていましたが、その後どうしても大学に戻らなくてはならないときには、家で待っていた長男に千円札を握らせて弟を託し、マンションの向かいのミニスーパーで好きなものを買って食べておいてと頼んだことが何度かあります。スーパーの店員さんにずいぶん可愛がってもらっていたようで、試供品のチョコソフトをもらって喜んでいたことを覚えています。2005年に夫が東京に来るまでの3年間、親戚もいない東京での親子3人暮らしでしたが、外国出張にも何度も行きました。私の出張に夫の東京出張を合わせてもらったり、実母に応援に来てもらったり、子連れで渡米してホストの研究室のポスドクの奥さんに子供を見てもらって講演したりと、いろいろな手段で乗り切りました。子供のために何かを諦めた記憶がないのです。たぶん、夫にも母にも子供にも同僚にも学生にも、みんなにしわ寄せが行っていたんだと思います。皆様、本当にありがとうございました。

東大に来てからはポリオレフィンの高機能化を可能にする触媒開発、再生可能資源有効利用を目指す触媒開発、新奇で美しい構造（π共役系）をもつ分子の合成とその特異な物性探索などのテーマに取り組んでいます。2008年、猿橋賞にご選出いただきました。学会仲間だけでなく、高校のときの同級生やご近所、ママ友たちなどさまざまな方からお祝いの言葉をかけてもらい、いかにこの賞が社会的に重要な意味をもつかを実感しました。授賞式には当時小学生3年生だった次男のお友達や、そのお母様たちにも出席していただきました。小学生にも少しは研究の内容をわかってもらいたいと思って講演内容を考えたことは、いい経験になりました。受賞をきっかけに、学会仲間だけではなく、より多くの人に認めてもらえる研究をしたいという気持ちが強くなりました。教科書を書き換える研究、あるいは真に社会で役立つ研究など、いろいろな形で貢献していきたいと思っています。昨年、ドイツのマックス・プランク研究所で、カール・ツィーグラーの名前を冠した講演賞をいただき訪問教授として講演しました（図2）。ツィーグラーは低密度ポリエチレン合成触媒を発見し、1963年にノーベル賞を受賞したポリオレフィン重合触媒の父です。オレフィン重合のプロジェクトに関わった身としては、とても感慨深いものでした。

■久しぶりに1日24時間がすべて自分の時間に

数年前、大学生になった長男と、たまたま平日の昼間に外でランチをしていたとき。隣席は中学生か高校生のお母さんたちのランチ会でした。どうやら子供たちの部活で、出席率があまりよくない選手を監督が試合で起用した様子。その是非について侃々諤々の議論が続いていました。店を出てから長男がぼそっと「オレ、オカンが自分の子供以外のことに興味持っててくれて、ホントよかったと思うわ」と言いました。ありがとう。認めてくれたのね。いろいろ我慢もさせ

図2　2018年、ドイツ・ミュルハイムのマックス・プランク研究所にてカール・ツィーグラー講演賞受賞。

たでしょうに。その長男も無事大学院を修了して就職、昨年秋からは一人暮らしを始めました。次男も大学3年生。もう少し勉強しろよと思いますが、まあ私も似たようなものだったので仕方ないかな。何を言っても、もう聞く耳をもちませんし。兄弟が6歳違いでしたので、保育園ママ、小学生ママ、中高生ママをそれぞれ12年ずつ経験しましたが、すべて終了。24時間を自分のために使える生活が久しぶりに戻ってきました。これは取りも直さず、言い訳の余地がないことを意味します。あと10年の現役研究者生活。悔いのないよう、やり残しのないよう、今一度、研究テーマを精査しようとしているところです。と言いながら、結局、興味本位で無秩序にやりたいことを追いかけ続けてしまいそうですが。

略歴

1991年　京都大学大学院工学研究科博士後期課程工業化学専攻修了（工学博士）
1991年　京都大学工学部工業化学科助手
1999年　京都大学大学院工学研究科材料化学専攻助教授
2002年　東京大学大学院工学系研究科化学生命工学専攻助教授
2003年〜現在　東京大学大学院工学系研究科化学生命工学専攻教授

受賞歴

２０１３年　高分子学会賞
２０１６年　アメリカ化学会 Arthur K. Doolittle Award
２０２０年　日本化学会賞

論文

Coordination-Insertion Copolymerization of Fundamental Polar Monomers. Nakamura, A., Ito, S. and Nozaki, K., *Chem. Rev.* 2009, 109, 5215–5244

Catalytic Hydrogenation of Carbon Dioxide Using Ir(III)-Pincer Complexes. Tanaka, R., Yamashita, M. and Nozaki K., *J. Am. Chem. Soc.* 2009, 131, 14168–14169

One-step catalytic asymmetric synthesis of all-syn deoxypropionate motif from propylene: Total synthesis of (2R, 4R, 6R, 8R)-2, 4, 6, 8-tetramethyldecanoic acid. Ota, Y., Murayama, T. and Nozaki K., *Proc. Natl. Acad. Sci. USA* 2016, 113, 2857–2861

学会・社会活動

１９９７年〜　均一系国際シンポジウム国際組織委員（２０１６年 第20回シンポジウムを主催）
２０１１〜17年　日本学術会議連携会員
２０１２〜16年　高分子学会　業務執行理事

私のRNA研究と来し方行く末を語ってみる

（第29回）塩《しお》見《み》美《み》喜《き》子《こ》

■「RNAサイレンシング」との遭遇

RNAサイレンシングとは、生物の教科書的にいうと「20-35塩基程度の小分子RNAによって引き起こされる遺伝子の発現抑制機構」である。が、この文章には多くの「専門用語」が含まれるので、思わずアレルギー反応を呈する読者もいるであろう。そこで本題に入る前に少し用語解説をすることにする（字数に制限があるので、使い方に慣れている読者にはグーグル検索などをおすすめする）。

まず「RNA」。これは細胞内分子の一つで、日本語では「リボ核酸」という。通常、RNAは遺伝子（DNA：デオキシリボ核酸）が持つ遺伝情報（タンパク質を作り出すための情報ともいえる）をいったんDNAから受け取る。この反応を転写という。続いて、RNAが持つ情報を基としてタンパク質が合成される。この反応を翻訳という。出来上がったタンパク質は、我々のからだを構築する物質、あるいは生体反応を担う物質として機能する。冒頭の文章には「遺伝子の発現」という単語があるが、これは転写と翻訳を合体させたもの、つまりDNA情報→RNAへの転写→タンパク質の生成という一連の反応を指す。

「塩基」とはRNA分子の構成ユニットである。DNAの構成ユニットは4種類でA、C、G、Tと表記されることをご存知の読者も多いかと思うが、RNAの場合、A、C、G、Uで表記する（ただし、DNAの構成単位のAとRNAの構成単位のAは同一ではないことを申し添える）。「20-35塩基程度の小分子RNA」というのは、つまりAやGといった構成ユニットが20個から35個程度連なったRNAであることを示す。先に説明した「遺伝子の発現」の中間物質として作られるRNAの場合、その多くは数千塩基程度である。「20-35塩基程度」というのがいかに小分子であるか、おわかりいただけると思う。

実は、発見当初、あまりの小ささから小分子RNAは細胞内のゴミであると考えられていた。しかし、後述するように、その後の研究において、これら小分子RNAも立派な機能を持つことが次第に明らかになった。端的にいうと、小分子RNAは転写ないしは翻訳を阻害することによって、ある特定の遺伝子の発現を抑制するのである。しかし、これは想像に難くないと思うが、もしこの反応が勝手気ままに起こってしまうと、遺伝子発現はぐちゃぐちゃになり、さまざまな疾患や、最悪の場合、死に至る。お母さんのお腹の中で初期発生がうまくいかず、生まれてこないといったこともありうる。つまり、「小分子RNAによる遺伝子の発現抑制」はさまざまなルールにしたがって引き起こされなくてはならない。その主たるルールの一つが、小分子RNA自身の塩基配列にしたがって標的とする遺伝子を誤りなく選択する、ということである。小分子RNAはこれに忠実にしたがって機能を果たす、つまり必要なときに標的遺伝子の発現だけを特異的に抑え込むのである。

さてここでもう一つだけ説明を加えておこう。もともと小分子RNA自身は何ら酵素活性を持たない。そこで標的遺伝子の発現抑制に必要な酵素活性を持つアルゴノートタンパク質とRISC複合体を形成し、協働して目的を達成する。アルゴノートタンパク質はある種のバクテリアからヒトにわたって保存されている。この事実は、RNAサイレンシングの重要性を物語る。

さて、前置きが長くなったが、私は「RNAサイレンシング」に徳島大学ゲノム機能研究センターに在籍中、ある実験を通して「遭遇」した。当時は、精神遅滞症を伴う遺伝病「脆弱X症候群」の原因遺伝子fmr1の機能解析を研究対象としていたが、fmr1が作り出すFMRPタンパク質が、RNAサイレンシング機構の一つRNA干渉（RNAiとして広く知られる）の中核因子Ago2（アルゴノートタンパク質の1メンバー）と特異的に相互作用することを見出したのである。当時、この相互作用の生理的意義を見いだすまでには至らなかったが、この研究成果は、ヒト遺伝疾患とその頃注目を浴びつつあったRNAiとの接点を見出した研究成果として高い評価を受けた。

RNAiは1998年、線虫をモデル生物とした発生の研究を通して副次的に発見された。非常に簡便に、しかも特異性高く特定の遺伝子の発現を抑制できるこの手法は多くの研究者の注目を浴びた。その数年後には、ヒト細胞でもRNAiは有効であること、線虫など下等動物では実はRNAiはウイルス等の異物の侵入から宿主を守る免疫機構であることが判明したのみならず、マイクロRNAという一群の生体内小分子RNAによる新しいRNAサイレンシング機構の発見につながるなど、RNAサイレンシング研究は、基礎・応用を問わず急速に展開した。

我々がFMRP-Ago2の物理的相互作用を見出した頃は、Ago2やダイサーなどRNAiに必須の因子が同定されたばかりで、その機能ですら未知であった。まずはAgo2の機能解析をしようとキイロショウジョウバエのago2変異体を作成し、その解析を始めた。それ以降、私の研究はRNAサイレンシングにとっぷり浸かった状態にある。

■現在の研究テーマ「piRNAはどのように生殖細胞のゲノムを守るか」

piRNAとは生殖組織特異的に発現する一群の小分子RNAで、これはトランスポゾンを標的とし、その発現を抑制する（図1）。トランスポゾンは元来、外来性のウイルス遺伝子様DNA断片であるが、大腸菌から植物、ヒトに至る大半の生物のゲノムに多数潜む。トランスポゾンは〝宿主〟の転写・翻訳システムを利用して複数のタンパク質を作り出し、それらを巧みに利用し

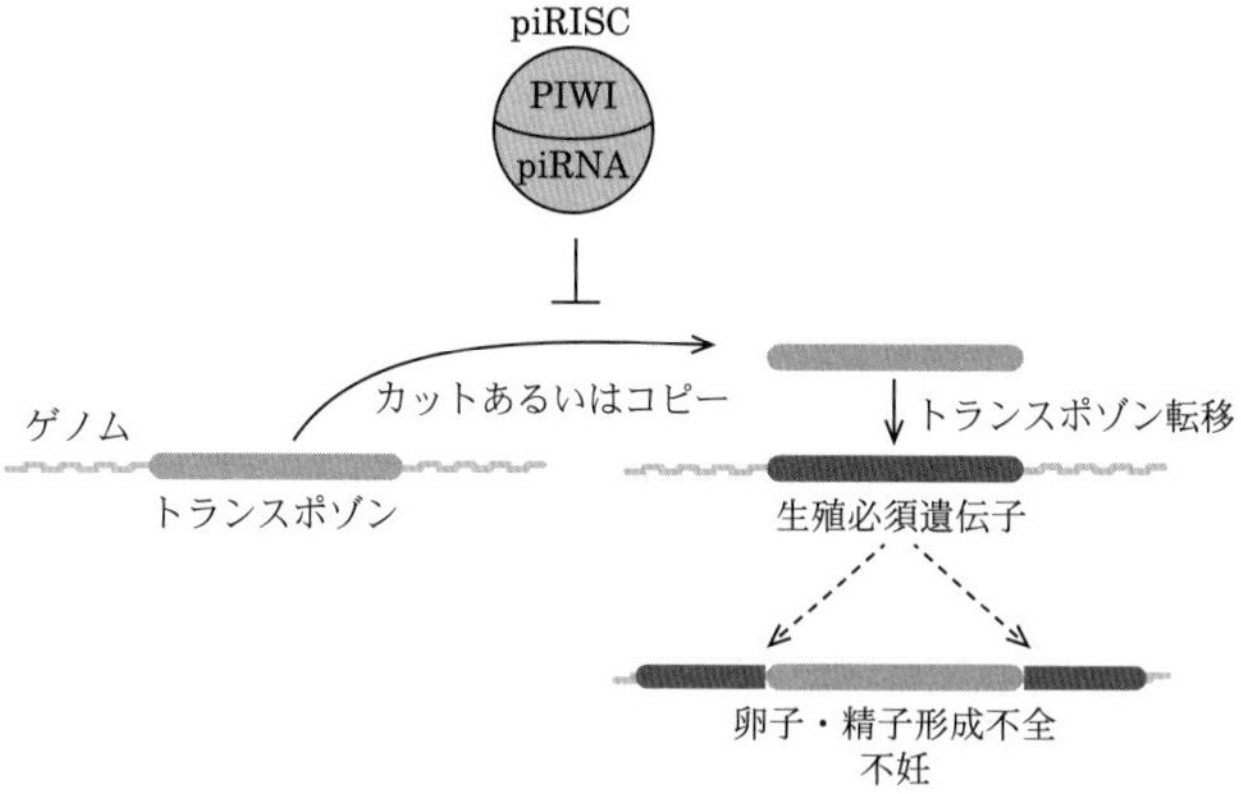

図１　生殖特異的に発現する小分子 RNA「piRNA」は、PIWI タンパク質と一対一で結合することによって piRISC を形成し、トランスポゾンの発現を抑制することによって生殖ゲノム、ひいては生殖能を守る。

て自身を宿主ゲノムから切り出すか、あるいは自身を複製し、それらを宿主ゲノムの〝適当な場所〟にあらためて挿入する。このゲノム転移活性を揶揄して、トランスポゾンは〝動く遺伝子〟としても知られる。トランスポゾンの転移能は、普段眠っている宿主遺伝子を活性化し宿主の環境順応性を高めるなど、我々に利益をもたらす場合もある一方、遺伝子破壊を引き起こし、宿主に多大なる損失をもたらす可能性もある。特に、生殖組織において、トランスポゾンを野放しにすると、生殖に必須な遺伝子が破壊され、卵子・精子形成に異常を来し不稔を導く（図１）。誤った遺伝情報を子孫に引き継ぐ可能性もあり、よってヒトを含む有性生殖動物は、進化の過程において、生殖組織に特化したトランスポゾンを抑圧する分子機構として「piRNA 機構」

を獲得した。

ゲノムの中にはトランスポゾンの断片が好んで集積する場所がある。この領域はpiRNAクラスタとして知られる。piRNAクラスタから長いRNAが転写され、それが順次加工されることによって成熟型piRNAが生成される。生成されたpiRNAは、生まれながらにして転移能を持つ〝親トランスポゾン〟を標的として、それを抑制するのである。piRNAは、生殖組織特異的に発現するアルゴノートタンパク質であるPIWIメンバーとpiRISC複合体を形成し、その機能を果たす。この仕組みによって、トランスポゾンの利己的転移性を起因とした生殖ゲノム損傷は回避され、生殖能は正常に保たれる。

しかし、今なお、piRNA機構の作用機序の完全な理解には至っていない。この問題を解決するために、我々は今なお日々研究に没頭している。

piRNA機構の作用機序を理解する利点は何か。その最終ゴールは人類に幸福をもたらすのか。同様の質問は、piRNA研究に限らず、すべての生命科学研究テーマに常にまとわりつく。幸いなことにpiRNA研究の場合、その答えは明瞭である。1998年に発見されたRNAiの研究は、医療・創薬・診断薬に焦点を当てた応用研究へと発展し、その成果は2018年遂に多発性神経障害の治療薬「オンパットロ」の認可へと結びついた。piRNAは生殖組織で機能する小分子RNAである。その作用機序の理解は、生殖関連の疾患の診断薬や治療薬の開発へとつながる可能性を秘めており、今後の研究のさらなる発展が期待される。

■私の研究継続の理由

20代前半の娘がいる。30台後半に突入したのち、米国フィラデルフィアにあるペンシルバニア大学小児病院CHOPで出産した。当時、私はペンシルバニア大学医学部の研究員だったが、所属研究室（ドレイファス教授主宰）では、そこで過ごした9年のうち、最後の数年は特に、妊婦が途切れることがなかった。常に誰かが大きなお腹をして実験台に向かい研究に勤しんでいた。ドレイファス研究室のミネラルウォーターを飲むと妊娠するという噂も、一時期流れたほどだった。

ある日、仲の良かった研究員が午後になっても研究室に現れなかった。質問があって探していたのだが、早朝に破水し、その足でCHOPに向かったということだった。早産ではなく、臨月のお産だった。出産、そして8週の産休後、予定通り研究室に戻ってきて普通に仕事を始めた。私自身も出産前日まで実験をし、11週程度の産休後に研究室に戻った。これが普通だと思っていたし、そうすることに何のためらいもなかった。もし今、第2子が生まれることになったとしても、おそらくこのタイムコースを編集することはないであろう。

娘が1歳になる直前に日本に帰国した。研究という仕事を続けるか、仕事をやめて主婦業・母業に専念するか。一般的にいうと選択の余地はもちろんあったが、私の頭の中には後者の選択肢は不思議となかった。何がなんでも研究を続け、末は大学教授になるといった野心もなかった。

何を選ぶと認められるかといった周りの評価や評判も考えもしなかった。目の前に敷かれたレールの上をただただ無心で歩く感じ、か。親身になって支えてくれる人がいたことも幸いした。海外出張で家をあける、実験が忙しくて食事が作れない、娘の具合が悪く保育所に連れて行けない、と連絡すれば実家から実母が駆けつけてくれた。夫（図2）の理解も多大だったし、年端もいかない娘にいたっては、私がなりふり構わず日長研究していることが普通なのか異常なのかを知るよしもない。誰からも仕事をやめなさいと言われなかったし、疲れで寝込んでもやめようと思わなかった。継続を止める理由がなかった。これが私の継続の理由である。

図2　久々の休暇旅行。2019年夏、夫とチベットを訪問した。単純に、我が国と“きわめて違う”であろうと思われる異国の地に身をおいてみようという考えだった。空気の薄さに順応する飲み薬も用意し、ワクチンも打って準備万端で臨んだ。不安定な天候や日夜の気温差の激しさにもめげず、毎日何かのエキゾチックな刺激に揉まれ、氷河もヤクも高原も湖も山脈もボコボコな道路も、何もかも素晴らしい体験だった。写真はエベレストのベースキャンプ（海抜5200 m）。富士山よりはるかに高く、心臓が、何が起こっているのかと訝る。しかし、エベレストの美しさは圧倒的だった。このまま頂上まで歩いていきたいという衝動、難なく登頂できてしまうのではないかという幻想に駆られた。

■猿橋賞とインタビュー

受賞後、数年間にわたって多くのインタビューを受けた。文科省や製薬関連企業、新聞社、進学塾、大学広報などお堅いものが大半であったが、女性ファッション雑誌など柔らかめのものもあった。それまでの人生で個人的にインタビューを受け、それが出版物になるといった経験はまったくなかった。よって、これは間違いなく「猿橋効果」であるといえる。

インタビューの日程を設定し、訪問を受ける。1時間程度のインタビューと写真撮影。大掛かりな撮影道具を伴うときもあれば、スナップ写真のときもあった。白衣着用のリクエストもあったりして、急遽、学生のものを借りたりした。最初は慣れず構えるが、インタビュアーが和やかな雰囲気を作ってくださり、楽しいひとときとなる。インタビューの内容は、私の来し方・行く末と、リケジョを増やす工夫や提案、女子生徒や若手女性研究者へのエール、などなど。私の来し方は不変であるが、普段、回顧する時間はまったくない。小さい頃の、読者の皆さんに楽しんでいただけるような逸話を思い出すのはなかなか容易ではない。が、インタビューの回数が増すに連れて、前回までは微塵も思い出せなかったことがふっと蘇ることがあり、驚く。小さい頃の自分に再会できたことに感動するとともに、それを思い出した自分にも感動したりする。記憶というものの不思議さに触れる一瞬でもある。これも強いていえば一つの猿橋効果であろう。

私の父は一級建築士で、昔は家で建築物の図面を手書きで書いたりしていた。青っぽい大きな紙、雲形定規や側面から見ると正三角の定規、鉛筆、消しゴムなど、インタビューの回を増すごとに鮮明に蘇り、不思議な感覚にとらわれる。「兼高かおる世界の旅」という番組も大好きで、大きくなったら私も世界中の国を訪問したいと思っていたことも、後々思い出したりした。「生き物は好きでしたか?」という質問はインタビューでよく登場した。虫は大嫌いで、花には単純に興味がなかったことなどはすぐに思い出せたが、樹木は一生動けないものの、何万年も生きて周りが変わりゆく姿をつぶさにみることができることに対して羨ましいと思っていたことや、私が水だったらどのような経路をたどって動き回るか、といったことをつらつら考えたりもしていたが、その記憶は後で蘇った。大人になって生命科学研究者になるなんて夢にも思わなかった。人生、あるところまで、ぼーっと生きていても何とかなる。そんなアイコンになれば良いかなと思ったりする今日この頃である。

この歳になると、大学内に限らず、さまざまな会議、審査会や祝事会によばれることが多くなる。そういう場面では頻繁にこれまでの猿橋賞受賞者に出会う。皆さんが、方々でご活躍されている姿を目の当たりにすると、「私も頑張らなきゃ」と自分を鼓舞し心を引き締める効果になる。これも間違いなく猿橋効果の一つである。

■今後の展望

生命のすべてを分子レベルで理解するまで、そしておそらく生命体の再構築が可能になるまで、生命科学研究領域の研究テーマは枯渇しない。がんやアルツハイマーなどもまだ簡単に完治できない現在、領域に残された課題は数多く、その点、生命科学研究に未来はあるといえる。ただ、見通しが良いかと問われると、返答に困るというのが正直なところのように思われる。問題は、残された課題を解決するための研究を、時代の波に乗り遅れることなく実行する、そして世界に向けてその成果を誰よりも早く公表する〝力〟をどのように維持するかである。〝力〟とは何か。科学力・創造力に富んだ、バランスのとれた優秀な人材と潤沢な研究費である。優秀な人材の輩出は、大学の使命である。が、それには予算確保が必要である。一世代遅れた技術や機器で教育や研究をしているようでは優秀な人材は育たない。先端技術やトレンドに敏感で、それを即刻取り入れる柔軟な対応も欠かせない。これらを確保できなければ我が国は科学後進国へと後退し、敗者復活は困難をきわめるであろう。そのような危機感を持ち、いま、対処することが重要である。

■若い貴女に伝えたいこと

西原理恵子さんのエッセイ『女の子が生きていくときに、覚えていてほしいこと』の帯にある「王子様を待たないで。お寿司も指輪も自分で買おう」を初めてみたとき、我が娘におくる言葉の一つはこれ、と即決した。愛娘だけに送るには勿体ない気がするので、ここで皆さんにも紹介する。

もう一つは私が常日頃の考えていること。たとえば手取りが月20万円とする。そして、小さなお子さんの保育所やデイケアに20万円かかるとしよう（特に子供が小さいときは何かとコストがかかる）。単純計算で差額は0。貯金なんてとんでもないし、洋服もコスメも買えない。仕事をすることが虚しくなり、辞めて主婦になればいい、ともう1人の自分が囁く。保育所やデイケアに20万円払うこともなくなる。でも収入はもちろんない。この場合も差額は0。算数でいうとこの両者は等価である。が、前者では、自分の能力を活かす場所があり、仕事を通して、また、人とのコミュニケーションを介して自分を養うことになり、未来の自分の糧となる。後者にはそれがない。子供に24時間の愛情を注ぐことができる？　そうかもしれないが、仕事を持っていても愛情は無限に注ぐことができるし、子供はすぐに大きくなり24時間の愛情を注ぐことすらできなくなる。友達と遊んでいる方が楽しい、と数年でいわれるようになる。

私にも、身分なんてどうでもよくて、研究がずっとできれば良いと思っていた時期があった。が、その頃の私が置かれていた環境は、たとえると小学校に通う小学生のようなもの。社会があるようでそれは非常に狭い。中学生になり高校生になり、大学生になるにつれて自分の世界も行動範囲もどんどん広がりを持つようになる。アカデミアもそれと同じようなものだと思う。助教から講師、准教授になり、教授になるとともに世界がどんどん広がり、外界との接触面や情報も増え、多様性が高まる。一方、整然さはどんどん薄れ、物事はカオティックになるが、これが結構面白い。これを知らずして歳をとるのは勿体ない。後輩の皆さん、一刻も早く成長して、一緒にこの世界を楽しみましょう。

略歴

１９９４年　農学博士、２００３年　医学博士を取得
１９９４年　ペンシルバニア大学医学部博士研究員
１９９９年　徳島大学ゲノム機能研究センター助教から助教授を経て准教授
２００８年　慶應義塾大学医学部准教授
２０１２年〜現在　東京大学大学院理学系研究科生物科学専攻教授

論文

Hierarchical roles of mitochondrial Papi and Zucchini in Bombyx germline piRNA biogenesis. Nishida, KM., Sakakibara, K., Iwasaki, YW., Yamada, H., Murakami, R., Murota, Y., Kawamura, T., Kodama, T., Siomi, H. and Siomi, MC., *Nature* 2018, 555: 260–264

A regulatory circuit for piwi by the large Maf gene traffic jam in Drosophila. Saito, K., Inagaki, S., Mituyama, T., Kawamura, Y., Ono, Y., Sakota, E., Kotani, H., Asai, K., Siomi, H. and Siomi, MC., *Nature* 2009, 461: 1296–1301

A Slicer-mediated mechanism for repeat-associated siRNA 5′ end formation in Drosophila. Gunawardane, LS., Saito, K., Nishida, KM., Miyoshi, K., Kawamura, Y., Nagami, T., Siomi, H. and Siomi, MC., *Science* 2009, 315: 1587-1590

学会・社会活動

２０１４〜16年度、２０１７〜18年度　日本ＲＮＡ学会会長
２０１５〜17年度、２０１９〜20年度　日本分子生物学会副理事長
２０１８年度〜現在　ＥＭＢＯアソシエート会員

発生生物学とともに生きる楽しさ

（第30回）高橋《たかはし》淑子《よしこ》

私はおてんばな女の子だった。中高一貫の女子校という「特殊な環境」に進んでからも、思う存分はっちゃけまくった。広島大学入学後は、体育会のワンダーフォーゲル部で山の壮大なスケールと自然の厳しさを知った。やがて「細胞の美しさ」に出会い、それがきっかけで発生生物学の道を志すことになる。京都大学の岡田節人《ときんど》先生の研究室の門をたたき、5年間の夢のような大学院生活を送り、理学博士学位を取得した。しかしこの後だ、私の研究者人生を決定的にした「スッタモンダ」が始まったのは。私はまわりの反対をおし切って、1人フランスに渡った。そこではすべてが新しく、また苦しかった。必死でもがいているうちに、どうやら体の「血液」が全部入れ替わってしまったようである。

■幼少から小学校時代　おてんばな女の子

人形遊びやままごとよりも、外でチャンバラごっこやボール遊びをするのが好きだった。通っていた皆実《みなみ》町（広島市の中央部にある）小学校では、下校時間を過ぎても男子を相手にドッジボールをして遊んでいたので、先生からはよく「はよかえれー」と怒られた。家に帰っても、ピアノ、マリンバ、習字、そろばんと毎日忙しかった。

3〜4年のときの担任の山岡秋夫先生は、じゃじゃ馬の私をうまく導いてくださった（そうでなかったら男の子たちを相手に喧嘩していたかもしれない）。そのおかげもあってか、4年生のとき「うきくさの研究」というテーマで、広島市科学賞を受賞した。両親の実家の里山で走り回って遊ぶのが大好きで、田植えや稲刈りも手伝った。田植えのあと、田んぼの水に浮き草がどんどんと増えていくのをみて不思議だなあと感じ、それをいくつか皆実町の家に持ち帰り、毎日観察日記をつけたところ、賞をもらってしまった。山岡先生は私の人生の恩師として、猿橋賞の受賞記念講演（東京）でも紹介をさせてもらった。猿橋賞が縁で広島で講演会を

図１　３歳の頃（ひな祭りの日に）。

行ったとき、先生と涙の再会をした。

5年生になると、当時はまだ珍しかった塾に通いはじめた。同じくらいのレベルの仲間が集まるので、次々と勉強が進むのがとても楽しかった。

■中学・高校時代

一番行きたかった広島大学附属中学校には、試験では合格したが最後の抽選で落ちた（実は小学校のときも同じ目に合っていた）。だからというわけではないが、私立のノートルダム清心中学校に行くことにした。根っから呑気な性格で、この学校がカトリック系であることを知らずに入学し、黒服・黒ベールの女の人が現れたときには腰を抜かしてしまった。学校内の修道院に住むシスターたちである（シスターは教師でもある）。

ノートルダム清心中学校の一番の特徴は、その圧倒的な英語指導力にあった。特に、シスター・メリーというアメリカ人による授業では、発音の基本を徹底的に学んだ。厳しいけれども愛情あふれる方で、放課後に彼女の部屋に遊びにいって、英語でいろいろな話をするのが楽しみだった。もしシスター・メリーに出会ってなかったら、国際学会でまともに議論もできず、小さくなっていたかもしれない。

そして高校のときに、私の「生物学者人生」を決定的にした先生に出会った。教頭の松村先生だ。私たちの体には、ホルモン調節のようなダイナミックな制御機構があり、そのおかげで日々元気に暮らせるということを知ったときは、体ってなんて素晴らしいんだろうと感心した。生物の授業では席は自由で、私はいつも一番前の「かぶりつき席」に陣取った。そして、眼や耳の構造と機能を習ったときは、宿題でもないのに、家に帰ってその解剖図をノートに写してうっとりしていた。

高校3年生になり、大学の進路を医学部にしようか理学部の生物にしようかと少し悩んだが、理学部の方が自由な雰囲気がありそうだと感じていた。そして広島大学の理学部生物学科動物学教室に入学した。

■広島大学時代

広島大学は当時、広島市の中央に位置する千田町《せんだ》にあった。実家の皆実町から目と鼻の先である。18歳の私の目からは、千田キャンパスは巨大な未来都市のように見えて、入学直後から心躍った。千田キャンパスのまわりには、下宿街、風呂屋、学生用の飯屋や居酒屋などがずらりとそろい、学生街の活気に充ちていた。

天野實《あまのみのる》先生との出会い

大学ではなにか新しいことをしたかったし、つまらない授業などは適当にさぼってやろうと企んでいた。今でも忘れない大学生活初日の金曜日1限目。天野實先生の「細胞生物学」の授業にふらり出てみた。するとまだ40代の若手教授であった天野先生は、大きな声で「俺の授業は厳しいぞ、単位が欲しいだけの学生は、今すぐにとっとと出ていけー」といわれた。「なんだ、簡単に単位がとれないのかぁ」と教室を出ようとしたところで、「俺は3年前にがんセンターから広島大学にやってきた」と聞こえた。私はがん研究に興味があったので、「じゃあちょっと授業をうけてみようかな」とまた席に戻った。思えばこの瞬間に、私の研究人生が決まったのかもしれない。階段教室にすわっている学生たちの前で、天野先生は生きたマウスからあっという間にDNAを抽出した。学生たち（少なくとも私）の目は釘付けになり、心が踊った。大学生になったという実感があった。他の授業はほとんどサボったが、この講義だけは1回もサボらなかった。天野先生は、総合科学部（いわゆる旧教養部）の教授だった。私は理学部生物学科に入学したので、専門課程の3年生になったら普通は総合科学部の先生とは縁が切れる。しかし私は先の一件からすっかり天野先生のファンになってしまい、結局4年生の最後まで天野先生の研究室に遊びにいっては、いろいろな話を聞かせていただいた。

一方で、専門課程に進んだものの当時の動物学教室は旧態依然としており、あまりおもしろくなかった。逆に総合科学部には新進気鋭の若手教員が新しい学問を進めていた。そこでこっそり総合科学部にもぐりこんで授業やセミナーに出た。しかしそれがばれて、動物学教室の先生からネチネチいじめられたこともあった。

体育会ワンダーフォーゲル部

広島大学に入学後は、部活に青春をかけようとワクワクしていた。小中高と続けてきた合唱はあえてやめて、まったく新しいことに挑戦しようと体育会ワンダーフォーゲル部に入った。しかしトレーニングが思った以上に厳しく、へこたれてすぐにやめてしまった。しかし、しんどいことから逃げた自分が嫌になり、4か月後に再入部した。それ以降は、日頃の厳しいトレーニングや合宿にも歯を食いしばった。南アルプス、北アルプス、北海道の大雪山など、日本の大きな山を渡り歩いた。冬は雪山に入り、雪上にテントをたてて寝るのだが、あまりに寒くて「もう死ぬかもしれない」と思ったこともあった。しかし案外人間はすぐには死なないものだということも覚えた。このワンゲルの活動は、今の私の研究活動を大きく支えてくれている。研究は楽しいばかりではない。実験がうまくいかないときもしばしば。特に、あともう少しで論文が仕上がる、というときが一番しんどい。山でいえば9合目からが遠いのだ。しかしそこでも諦めず、一歩一歩進めば必ず頂上を踏むことができることを、私はワンゲルで学んでいた。そして山の大きなスケールを肌で感じ、自然の圧倒的なパワーに畏敬の念を抱く心が育まれたことも、私のそれからの人生を豊かにしてくれた。

大学院への進学

当時は大学院へ進学する学生は少なかった。しかし私はアカデミアの雰囲気に憧れていたし、これといって他に魅力的な就職もなかったので、大学院に進学することにした。総合科学部の大学院と同時に、京都大学の院試も受けることにした。というのも、細胞生物学への傾倒がきっかけとなり、発生生物学にも少しずつ興味がでてきたことと、発生生物学の大家である京都大学の岡田節人先生の本に魅了されたからである。『試験管のなかの生命』（岩波新書、岩波書店）や、『細胞の社会』（ブルーバックス、講談社）は、今でも私の宝物である。天野先生も岡田節人先生と懇意にしておられ、京大に行くことを勧めてくださった。

■京都大学「オカダケン」

オカダケンから世界へ

初めての下宿生活。そして研究室ではなにもかもが新しく刺激的だった。私は岡田節人先生の研究室（オカダケン）で、分子生物学—細胞生物学—発生生物学を組みあわせた研究に没頭した（当時はこのような分野融合研究はきわめて珍しかった）。修士のときは、いわばiPS細胞の元になったES細胞の、さらに元の細胞である胚性奇形種（テラトカルシノーマ）細胞を使った研究を行った。可能になり始めた哺乳類細胞への遺伝子導入法（分子生物学）をいち早く取り入れて、細胞分化によって遺伝子発現はどのように制御されるのかという、当時としてはきわめて先端的な研究テーマだ。しかしあまりに最先端すぎて、実は私はその全体像がよくわからなかったが、それでも毎日ワクワク感に包まれていた。岡田節人先生や、私を直接指導してくださった新進気鋭の近藤寿人《ひさと》助手（現在は大阪大学名誉教授）が世界をリードする研究テーマでぐいぐいと引っ張ってくださったので、毎日がとても楽しかった。

そうこうするうちに、イギリスのケンブリッジ大学でES細胞が開発された。テラトカルシノーマ細胞よりも、さらに受精卵に近い性質を保っている細胞である。このES細胞の出現は、たとえばノックアウトマウス[*1]の作製を可能にするなど、後の生命科学に革命をもたらした。岡田節人先生は「これからの発生生物学はES細胞だ！」とするどく見抜いた。そしてすぐに助手の近藤さんがケンブリッジに飛び、ES細胞の開発者であるエバンス先生から細胞を分けてもらって、それを日本に持ち帰った。その「日本初上陸」のES細胞を任されたのが私だ。ES細胞への遺伝子導入とそれを使ったトランスジェニックマウス[*2]の作製という、世界でまだ誰も成功したことのない研究に向かって心躍った。オカダケンの大学院生は、週末も休むことなく実験をしていた。そし

図2　岡田節人先生（1927〜2017）。常に時代の先を読んでいた。

＊1　ノックアウトとは、遺伝子の働きを人工的に壊すこと。
＊2　本来もっていない遺伝子が人工的に加えられたマウス。

て当時助教授だった竹市雅俊先生のグループは細胞接着因子カドヘリンの研究を進めておられ、その快進撃も凄まじいものがあった。このように、オカダケン全体が世界のトップリーダーとしての活気に溢れていた。

オカダケンのもう一つの特徴は、時代を先取った国際性だった。岡田節人先生は世界中に友人がおられ、著名な外国人研究者がよく出入りしていたし、また当時ではきわめて珍しかった国際シンポジウムも頻繁に開催された。私はシンポジウムの受付を手伝ったり、外国人の京都案内をしたりすることがうれしかった。これらの経験を通して、「世界を相手にする研究」を少しずつ意識できたのだと思う。

オカダケンからフランスへ

さて、「博士号をもつ女性研究者」にどのような人生設計が許されるのだろうか？　当時は男女雇用機会均等法とは名ばかりで、あからさまな差別が横行していた。博士号をもつような高学歴の女は嫌われるというわけだ。高学歴の男は褒めそやされるのに、女の場合は「ああ、これで嫁のもらい手がなくなるね」といわれる。就職に関しても、「同じ実力なら男をとる」と正面切っていわれたこともあった。一方で根っからの楽天的な私は、漠然ではあるが夢を持ち続けていた。博士課程2年（D2）のころ、後の私の指導者になるニコル・ルドワラン教授（女性）が、第2回京都賞受賞のためにパリからやってきた。彼女は岡田節人先生と懇意にされていたし、私は彼女の研究が大好きだったので、2人の近くをちょろちょろ歩き回っていたら、「ヨシコ、博士号をとった後はどうするの？」と聞かれ、「なにもあてがありません」と答えると、「フランスの私のラボに来ませんか？」と言ってくださった。「はい、行きます！」と答えるのに1分もかからなかった。私はこのようにして、博士号取得後の人生をあっさり決めてしまったのである。インターネットもない時代。海外なんてD1のときにアメリカに1回行ったことがあるだけで、ヨーロッパとアメリカの違いすらよくわかっていなかった。もちろん親には反対された。

フランス行きを決めてから、あわてて関西日仏学館でフランス語の勉強を始めた。いよいよ日本を出発するときになると、さすがに不安な気持ちでぺちゃんこになりそうだった。親になにかあっても、すぐに飛んで帰るわけにもいかないのだ。でもこんな男社会の国で理不尽につぶされるくらいなら、フランスや他の国で精一杯やって、それでもだめなら納得してあきらめよう、と自分に言い聞かせた。伊丹空港（当時は関空はまだなかった）から飛び立つとき、広島から見送りに来てくれた母が送迎デッキからハンカチを振っているのが見えた。私もフライト中、ずっと泣いていた。

■フランス生活——苦しいときを経て快進撃へ

さあフランスだ。パリ郊外にあるバンセンヌの森に立つヨーロッパ風の古い館がCNRS発生生物学研究所（CNRSはCentre National de la Recherche Scientifique：フランス国立科学研究センター）で、ルドワラン教授はそこの所長。ここで3年間の研究生活を送ることになるのだが、前半の1年半は苦しかった。しかし後半は快進撃を遂げることができた。

苦しかった前半の1年半

私は、立ち上がったばかりの分子生物学グループに入った。しかし機材や試薬を買う予算が不足していた。おまけに古くからいる研究所の人たちは古典発生学しか知らず、分子生物学には理解を示さなかった。試薬の位置を少し変えただけでもいじめられた（私もフランス語でうまく説明できなかった）。昼間は顕微鏡や遠心機など、機材の取り合いになってストレスがたまるので、機材を必要とする実験はフランス人が帰っていく5時以降から猛烈に進めた。あるとき超遠心機が私のDNAサンプルを中にいれたまま動かなくなった。修理を頼んでも、担当者はバカンスから1か月後にしか帰ってこないという。なにもかもがうまく進まなかった。分子生物学を進めるためにはもっと効率化を、と主張したかったが、どうやらフランス人は私のような日本人から「効率化」というお説教をされるのを好まなかったようだ。こういう文化の違いに慣れるまでに、かなりの時間と忍耐を要した。ストレスがたまってワインをしこたま飲み、泥酔運転でガードレールにぶつかったときは、「これで研究者生命も終わりだ」としょげかえった（なんとかことなきを得た）。

しかしなにより苦しかったのは、ルドワラン教授となかなか話ができなかったことである。大学院のときには、毎日のように指導者と密なディスカッションができていたので、この点は大きなカルチャーショックだった。今にして思うと、ルドワラン教授は国際発生生物学会の会長やフランス科学アカデミー、また100人もいる研究所の切り盛りに多忙をきわめておられたのであろう。しかしあの当時、私はそういうことがあまり理解できず、おまけに良いデータも出ていなかったので、1人で悶々と悩むことが多かった。1か月ぐらい「ひきこもり」状態になり、パリをブラブラして映画などをみていた。それでも、実験を進めるうちにやっと目的のDNAがとれた。忘れもしない、クリスマスイブの日だった。日頃は質素な生活をしていたが、その日は自分自身へのプレゼントとして、革ジャンを買った。

図3　ルドワラン教授と筆者。1992年パリにて。

快進撃を遂げた後半の1年半

目的のDNAのクローニングに成功したので（Msx2というホメオボックス遺伝子）事態は一変し、そこから快進撃が始まった。ルドワラン教授の方から「ヨシコとディスカッションしたい」と言ってくるようになった。「失われた1年半」を取り戻すべくエンジン全開だ！　データも次々と出した。胚内における組織間コミュニケーションの分子制御という新しい分野を切り開く高揚感は、その後の研究を方向付ける上で大きな成功体験となった。そして所長室でのいろいろな話を通して、ルドワラン教授の発生生物学に対する奥深い知識や視野の広さ、そして何よりも彼女のサイエンスへの情熱を身近に感じたときには本当に幸せだった。もしこの快進撃を待たずにフランスを去っていたら、その後の人生は色あせたものになっていたと思う。

自己解放に成功

フランスはさすがに女性解放のリーダーだけあって、女性たちの「のびのび感」が私には眩しかった。たとえば既婚・未婚に関係なく、税制や養育面などすべての家族が平等に扱われる。夫婦別姓・同姓も本人たちが自由に決められる。男社会の中で理不尽な慣習に耐え続けなければならない日本女性とは大違いだ。フランスのこのような自由な空気のもとで、私は日本で喰らっていた「女を襲う社会のノイズ」から解放されていく自分を感じた。

3年という時間は、人生全体からみると短いかもしれない。しかしフランスでの3年間は、私の人生の中でもっとも濃密な時間だった。まるで血の色まで変えられてしまったようだ。その色はトリコロール（フランス国旗の色）ということにしよう。

■アメリカから帰国へ

3年間のフランス滞在を終え、次はアメリカに移り住んだ。2年半はオレゴン大学、最後の数か月はニューヨーク・マンハッタンにあるコロンビア大学で研究をした。憧れていたアメリカ生活だったが、やがて皮肉にもヨーロッパの歴史と文化がなつかしくなった。日本からいくつか助手のオファーをもらったが、アメリカで独立するつもりだったので断った。しかしあるとき、北里大学から破格のオファー（講師）の話をもらったとき、迷い始めた。新しく理学部が創設されるので、研究機器用の予算もふんだんにあるという。そしてなにより、「自分のグループをもって好きなように研究をしてください」と、教授に内定していた花岡和則先生からいわれて心がぐらりと動いた。日本の男社会で再び苦しむのかもしれないという不安もあったが、いざとなったらすぐにアメリカに戻ってこようという気持ちで、1994年に帰国を決めた。

創設されたばかりの北里大学理学部では、学生は1期生のみ。私も大学の先生としては「1年生」なので、すべてが新鮮だった。必死でやっているうちに、アメリカに戻ることなど忘れてしまった。その後、奈良先端科学技術大学院大学や理化学研究所の発生再生科学総合研究センター（CDB）を経て、2012年に京都大学へと戻ってきた。

■京都大学であの「青春」をもう一度

国立大学は法人化のために運営形態などが大きく変わった。しかし学生たちは昔と変わらない。いつもワクワクする学問に触れたいのだ。京都大学が私の「現役」としての最後の地になるだろう。かつて私がそうしてもらったように、最後まで学生に寄り添って、研究を通して世界を知ることの幸せを伝えたい。大学院という多感なときに、現場で泣き笑いしながら得たものは、必ず人生の宝物になるということを、だれよりも私が自分で証明したのだから。

略歴

1960年　広島に生まれる

1983年　広島大学理学部生物学科動物学教室卒業

1988年　京都大学理学研究科生物物理学教室博士課程修了（理学博士）

1988〜94年　フランスCNRS発生生物学研究所、アメリカオレゴン大学、コロンビア大学にてポスドク

2012年〜現在　京都大学大学院理学研究科生物科学専攻動物学教室教授（2014年より理事補兼）

受賞歴

２０１０年　広島大学長　表彰

２０１６年　アン・マクラーレン記念講演賞受賞（国際細胞分化学会）

著書・論文

『ギルバート　発生生物学　第10版』、阿形清和、高橋淑子（監訳）、メディカル・サイエンス・インターナショナル、２０１５

The dorsal aorta initiates a molecular cascade that instructs sympatho-adrenal specification. Saito, D., Takase, Y., Murai, H. and Takahashi, Y., *Science* 2012, 336: 1578–1581

A role for Quox 8 in the establishment of the dorsoventral pattern during vertebrate development. Takahashi, Y., Monsoro-Burq, A-H., Bontoux, M. and Le Douarin, N.M., *Proc. Natl. Acad. Sci. USA* 1992, 89: 10237–10241

学会・社会活動

日本発生生物学会　理事

２０１３〜17年　文部科学省　第7期/8期　科学技術・学術審議会委員

２００９〜13年　学術誌 *Science*, Board of Reviewing Editor

古気候の謎に挑んで

（第32回）阿《あ》部《べ》彩子《あやこ》

■研究のきっかけ

私の研究のテーマは、地球における過去の気候の変化をシミュレートして気候変化のメカニズムを探り、現在の位置づけや長期的未来を考えることによって、地球の気候がどれほど安定かを知ることだ。子供のときは研究者というものはよくわからなかったが、父親が企業の研究所で研究していたため、基礎科学やその応用の研究をする仕事が良いなと身近に感じていた。父の転勤のためアメリカ・ニューヨークで3歳から6歳までを過ごした。アメリカの小学校1年生の教科書は世界の地理や自然の勉強から始まっており、さまざまな国からきた多くの友達と楽しく過ごすことができたことで、国際的なことに関わりたいと思うようになった。帰国後も、自分たちは一体どこから来てどこへ行くのかという強い興味がずっと胸にあった。フェリス女学院中高生時代は、数学や理系科目の方が文系科目より好きで、女子が少ない理系に何の迷いもなく進んだ。日中は部活（体操部と器楽部）に取り組み、家では通信添削の数学の難問に挑んだ。一つしかない答えに対しても、何通りもの異なる解き方を見つけながら解くのが楽しかった。さらに、中学2年生のときに読んだ『新しい地球観』（上田誠也著、岩波新書）が目からウロコであり、世界中の専門家が「異なる解き方」によって新しい概念を作り上げていることを目の当たりにした。大陸は動くはずがないと考えられていたが、海底が次々と新しく作られ、大陸が移動し、そして海溝でプレートが沈み込んでいるというプレートテクトニクスの概念が、地震活動や火山噴火などの地球の理解へとつながった。1970年代には激論が交わされていたが、世界中の異なる専門家がさまざまな方向から独立して研究を進め、お互いの理解を深め合ったときに、このブレークスルーは生まれた。私は、研究者の協力／競争／協調による新たな概念創出（パラダイムシフト）がすごい！　と感じた。後に本業になる地球温暖化や氷河期を含む気候研究においても、やはり多くの科学者が信念を持ちながら粘り強く研究した成果を積み重ねており、その一端は『不都合な真実』（アメリカ元副大統領アル・ゴア著、枝廣淳子訳）の書籍に見ることができる。

大学時代を過ごした1980年代は、日本の高度成長期や世界のエネルギー消費の負の側面として地球環境問題が話題になっており、限られた資源を上手に使うことについて世界で知恵を出し合うのがこれから重要なのだと感じた。答えが割り切れない社会問題や未解決な科学的問題がたくさんあること、社会に役立つことの難しさに大きな挫折も感じた。地球に関係する学問をと思い、東京大学理学部地学科（地理学）に進んだ。自然地理学では現在の地形や気候の成り立ちを学びながら地球表層環境に関する知識を深めた。特に地球の歴史の最後の250万年ほどの第四紀の環境変動における「氷河期」の存在を知り、そのメカニズムを知りたいと感じて同大の地球物理学科に進んだ。気象学や海洋物理学などの従来の理論と観測の研究手法に加えて、気候を再現する「数値実験」のアプローチがあることを卒業演習で学んだ。地球全体を格子に切ってエネルギーや物質の日々の各地の動きの計算をする大気大循環モデルと海洋大循環モデルによる数値実験は、当時、プリンストン大学GFDL（地球流体力学研究所）の真鍋淑朗先生らやカルフォルニア大学UCLAの荒川昭雄先生らにより進められていた。大気海洋の大循環だけでなく、陸上の水の循環や植生の分布などを世界各地で表現することのできる、「気候モデル」と呼ばれる画期的なツールである。「地球の平均気温がなぜ15度くらいなのか」、「大気中二酸化炭素濃度を2倍に上昇させるとなぜ平均気温が3度くらい高くなるのか?」「氷河期の大気大循環は今と何が違うのか?」といった問題が数値実験で行われ始めていた。このような気候モデルの開発は、日本においては、松野太郎教授と住明正助教授が気象庁の協力のもとで開始していた。私は修士課程時に松野教授のもとで、大気と地面を結合した鉛直1次元放射エネルギー収支モデルを用いた研究を行い、地面の状態が大気にどう影響して気候が決まるかという数値実験を実行解析した。

博士進学後に、スイス連邦工科大学（ETH）の大村纂教授から思いがけないチャンスをいただいた。大村先生から松野教授室に国際電話があり、大学院に空席があるというのだ。「大循環モデルに「氷床」を部品として組み込むことが将来可能になりますよ」とおっしゃり、スイスやグリーンランドの氷河にも観測に行く計画があるとのことで、研究は「半分観測、半分理論」という先生の言葉がとても心に響いた。

1989年にスイスへ留学すると、まず1年後の口頭試験に通過しなければいけなかった。それまでは「氷河力学」「地球環境学」「大気力学」「古気候学」など専門科目の講義がドイツ語で行われることになっていた。留学前の夏休みにドイツに行って少しはドイツ語の勉強をしていたが、講義の理解はとても厳しく、周りの学生たちに大いに助けられた。また、初めての一人暮らしで最初は言葉もわからずとても寂しい思いもしたが、女子学生や女性教員も多かったため特別扱いもなく、居心地が良くて非常に毎日が充実して楽しかった。幸い口頭試験も1990年に受かり、研究という仕事がすっかり気に入った。グリーンランド頂上キャンプには1991年に1か月半派遣され、40人余りの研究者とともにアイスコア掘削による古気候データ解析作業と現地の気象観測を担った(図1)。2万年前の氷期では、ヨーロッパと北米を氷床(大陸規模の氷河)が覆っていたが、それが1万年前頃にすっかり融けて、今は名残のようにグリーンランドだけに氷床が残っている。その残された氷床と気候の関係を研究しながら氷期サイクルについて考えるのがテーマだった。現在観測されるグリーンランド氷床の形状、温度、速度などを数値モデリングで再現することに成功した。さらに、小さい山に氷床ができる条件をクリアしたときに大きな

図1　グリーランド頂上キャンプ（1991）にて古気候や気象のデータ収集のために集まった研究者（右図）と筆者（左図）。

氷床に発達することや、気候条件によって大氷床と小さい氷河の二つの解（多重解）を持ちうること、そしてそれは北米やユーラシアの大陸でも起きうることなどがわかっていった。順調に一つ目の論文を投稿し、日本の博士課程を退学して退路を絶つ頃には自分の不安は消えていた。大学に導入されたばかりのCRAY社のスーパーコンピューターで計算したが、わからないことを教えてくれる計算機センターの技術スタッフの充実ぶりは驚くばかりだった。博士論文提出には苦楽もあり、予定より半年遅れの１９９３年夏に学位取得となったが、審査委員の先生方から、計算結果は現実の観測の解釈や予測の助けになる、などと言われて非常に嬉しかった。ところで、スイスでは思いがけなく給料が（当時、同じ年齢の公務員の50％という規則で月給18万円）支給されたため一人前に認められたようで大変嬉しく、必死に勉強した。今、世界では欧米・アジア・オセアニア各国の博士課程の学生には、社会的に給与が「全員」支給されているのが通例である一方で、日本ではいまだに博士課程研究者が「学生」扱いされていて給与が支払われない現状はなんとかするべきだと思う。博士課程の研究者を一人前にすることが、国際社会における日本の科学者の人材育成にとって急務だと思う。

スイスにいる間に、数値モデルを用いた気候研究の拠点として気候システム研究センターが松野先生と住先生らを中心に東京大学に設立されており、日本学術振興会PD（ポスドク）として応募したところ採用された。1995年には助手のポストに採用され、研究と結婚育児生活を両立する幸運に恵まれた。助手の職務は、大気と海洋の大循環モデルを結合し世界レベルの気候モデルを完成させて、大気中二酸化炭素濃度を2倍に上昇させる実験を行い、国連IPCC第三次報告書（2001年）の作成に寄与することであった。1994年から2001年に3人の子供の出産が重なったが、研究所のミッションと国際協力を仕事の最優先にした。気候モデルはその後さらに開発が進み、新モデルはMIROCと命名され、日本の気候研究環境の基盤の一つとなっていった。モデル開発や検証という実用的研究手法の確立は国内の多くの研究者の協力でなされた。また、一緒に研究してくれた大学院学生の貢献により、氷床モデルの開発はグリーンランドだけでなく南極氷床のシミュレーションにまで大きく発展した。氷床モデリングと気候モデルを用いた古気候研究はいわば境界領域だったが、多くの人の励ましがあり進められた。これまでの自分の興味とキャリアと周囲の理解、そして、国際的研究の流れの良いタイミングが偶然重なった。個人的にもう一つ幸運だったのは真鍋先生がプリンストンから海洋研究開発機構（JAM

STEC）に着任されており、1998年から兼業の研究者として古気候研究グループを持つように誘われた。先生が日本にいた4年間に、過去と将来の気候をモデリングするという基礎研究の研究戦略について、そして研究のことだけでなく教育についても教わった。

研究と育児の両立が可能だったのは、同居していた夫の両親や叔母や親戚中が皆で子育てに協力してくれ、大家族（今まで常に6～8人家族）で過ごせたおかげだった。2004年に夫がALSという難病を発症し2018年に亡くなったことは大きな悲しみだったが、この間多くの方に支えられて家族や仕事仲間のお陰で続けることができたのは不幸中の幸いだった。2012年、夫の母が3月に亡くなった直後の沈んだ家族の雰囲気は、猿橋賞の知らせにより一変した。夫がそのとき涙を流して喜んでくれたことと、理事長の米沢冨美子先生から暖かいお言葉をお電話でいただいたときのことは一生忘れられない。

■気候の研究について

人類が進化してきた最近100万年間は、北米やヨーロッパで氷床の拡大・縮小や全球気候の変動を伴う「氷期-間氷期サイクル」が、約10万年の周期で繰り返されてきた（図2）。その一周期の時系列はいわゆる「のこぎり型」を示し、間氷期から氷期のピークまでに9割以上の時間をかけ、氷期から間氷期へは急激に戻る。海水準だけでなく、大気中二酸化炭素濃度、南極の気温、熱帯や南大洋の表面海水温、アジアの乾燥湿潤、深海の温度、海洋深層循環など、世界各地の気

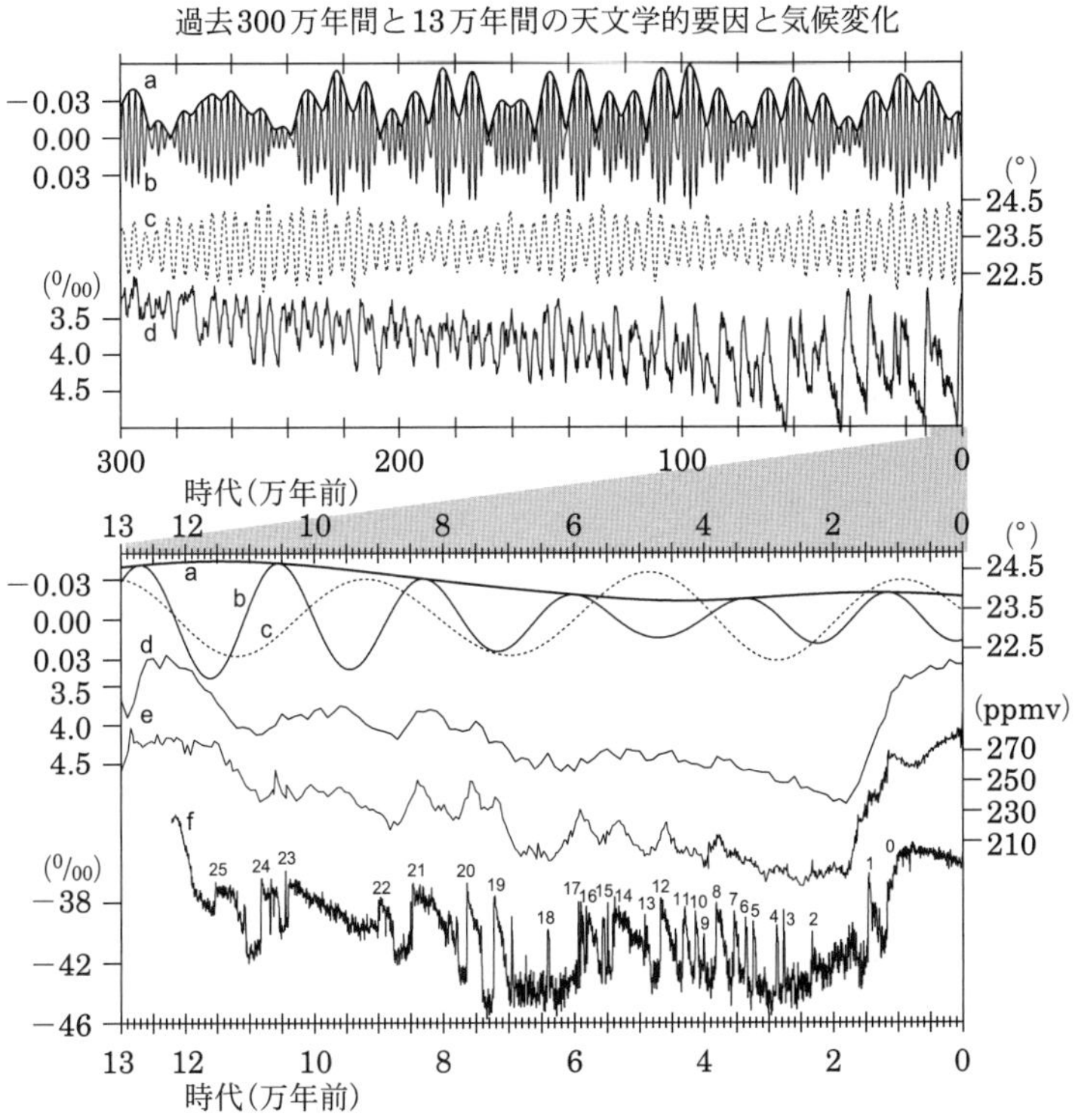

図2　過去300万年と過去13万年の地球軌道要素（a：離心率、b：気候歳差、c：自転軸傾斜）、d：深海から得た古気候データ、e：大気中二酸化炭素濃度、f：グリーンランドNGRIPから得た古気候データ。

候指標がほぼ同期した10万年周期を示す。しかし、このような気候と氷床の大変動の周期と振幅をもたらすメカニズムは謎であった。私は、世界ではじめて現実的な気候モデルを用いた数値実験でその謎に挑んだ。

氷期-間氷期サイクルの存在は、18〜19世紀から地球科学の重要なテーマの一つだった。19世紀半ば頃、氷河が現在よりはるかに遠くまで広がっていた事実を認めるかどうかに関する、権威ある地質学者らによる議論を経たのち、ヨーロッパだけでなく北米でも氷床が広がっていたことが地図にまとめられ、氷河が何度も拡大縮小したことが明らかにされた。物理学者らも、温室効果ガスとしての二酸化炭素濃度の変化が気候変化の原因ではないかと議論し、大陸氷床の前進と後退に関する謎を解こうとした。

一方、天文学的要因が気候に与える影響については、天文学者らによって19世紀に提案されたが、ミランコビッチは、友人のケッペンとその娘婿のウェーゲナーの助言を経て、年平均や冬ではなく北半球の夏の日射に注目した（ミランコビッチ仮説およびミランコビッチ・サイクル）。気候に影響する地球軌道要素は三つある。一つ目は地球の公転軌道の離心率、すなわち、公転軌道がどれほど円軌道からずれているか、の変化である（10万年周期）。二つ目は、公転軌道上の位置と季節の関係を決める歳差、つまり自転軸の首振り運動の変化（約2万年周期）によって季節ごとの太陽と地球との距離が変化し、三つ目は自転軸の傾き（約4万年周期）によって緯度ごとの太陽の高さが変化する。これらの組み合わせによって、各季節において各緯度が受け取る日射が変化することが、氷床の前進後退に重要だと考えたのだ。

この説は、出版された1940年頃は大いに注目されたが、氷期と間氷期の詳細がわかるにつれ、氷期・間氷期の変化が10万年周期であることがミランコビッチ仮説では予言されないため、天文学的要因が気候変化に重要であること自体が疑われるようになった。1976年のヘイズ、インブリー、シャックルトンらの詳細な古海洋データでは、日射強度そのものに見られる約2万年と4万年の変動周期の位相がかなり明瞭にみられたので、ミランコビッチ仮説はふたたび脚光を浴びたが、氷期-間氷期サイクルの最大の特徴である10万年周期は日射量変動だけでは説明がつかなかった。

10万年周期の発現には気候システムの内部フィードバックメカニズムが働いていると考えられ、それ以後、自励振動のように外因がとくにないという説も含め、これまでさまざまな概念モデルや数学モデルが提案された。有力な説としては、北半球氷床は大きくなると不安定になり、夏季日射量の増大にともなって氷期が終焉に向かうというものがある。

しかし、これまで用いられてきた簡単なモデルでは、観測で直接検証したり制約したりできる物理量や物理プロセスを扱うことができないので、肝心の気候変動メカニズムの実体は謎だった。21世紀に入っても、氷床コアから得られている大気中の二酸化炭素濃度の変動が氷期サイクルに先行しているようにみえることから、氷期サイクルの原因は炭素循環にあるとする、ミランコビッチ仮説に反対する説も提案されてきた。

私は、日射量変動（ミランコビッチ・サイクル）と大気中の二酸化炭素（CO_2）濃度を考慮した高度な気候モデルにより、10万年周期の氷期サイクルを再現した（Abe-Ouchi *et al.*, 2007, 2013）。将来予測に用いられる大気大循環モデルと3次元氷床力学モデルを組み合わせることには、二つの意味がある。水蒸気や雲、海氷などによる短い時間スケールの気温増幅効果（フィードバック効果）を物理的に異なる気候条件下で定量的に用いること、そして、大気-氷床-地殻・マントル間の相互作用のような長時間スケールのフィードバックを考慮することである。このような手法は世界で初めてであり、「地球シミュレータ」などの我が国のスーパーコンピューターを駆使することで、はじめて研究が可能となった。実験は過去40万年について行われたが、天文学的要因で変化する日射量と大気中二酸化炭素濃度の変化に南極ドームふじ氷床コアによる正確な年代推定を導入したことが、再現性の決め手となった。

その結果、10万年周期の氷床変動や、氷床拡大期における氷床量や地理的分布を再現することに成功した。時系列変化がのこぎり型であることや、氷床の発生拡大の地理的分布も非常に現実的なものとなり、観測によるモデルの検証がこれまでより格段にしやすくなった。実際に実験室の中で地球の気候を再現できない代わりにコンピューターを用いて数値実験で再現すれば、本質的なメカニズムを同定したり付随的な現象を区別したりすることが可能になるはずである。10万年周期の原因と考えられるものを一つひとつ取り除いていく実験を繰り返して、氷期サイクル発生のメカニズムを調べてみた。その結果、氷期サイクルにおける大気中二酸化炭素濃度の10万年周期の変化は、むしろ気候変化の結果生じたものであり、その振幅を増幅させる働きがあることが示唆される。一方、地殻とマントルの応答の遅れが急激な氷床の後退には重要とわかった。

さらに、日射強度や二酸化炭素濃度を一定に保ちながら20万年ずつ積分することを繰り返した結果、求めた日射強度に対する氷床の平衡応答解が氷床の初期条件によって2通りに分かれ、そのヒステリシス構造（解の履歴に依存した構造）が10万年周期の出現にとって決定的であることを発見した（図3）。北米大陸の場合、近日点の位置の変動周期（約2万年）ごとに氷床が大きく成長する。日射の最大強度を決定する離心率（約10万年周期）が最小に近づくにつれ、氷床の成長は加速し、やがて氷床が極大サイズに達する。しかし、大きく成長すればするほど氷床の末端は南下し、後退に必要な日射量の増加は小さくてすむ。この状態に達した後、離心率がふたたび増大を始めると、夏の日射が強くなることで氷床の後退が始まる。ひとたび氷床が後退を開始すると、深く沈み込んだ大陸地殻の応答の遅れのために、氷床表面の融解により低下した表面高度がなかなか復活せず、融解が一気に進むのである。このように、日射の変化が氷床を変化させ、さらにその影響が、放射や大気大循環、海水準変動、海洋深層循環、大気中二酸化炭素濃度変化などを通じて、全球に一気に広がったと考えられる。こうした氷床のヒステリシス構造に基づく応答の仕方は、北米とユーラシア大陸とで異なっていた。大陸の幅や地理的分布による気候分布が氷床の応答に影響して、10万年周期を起こすか否かにまで影響することが示唆された（図3、Abe-Ouchi *et al.*, 2013）。

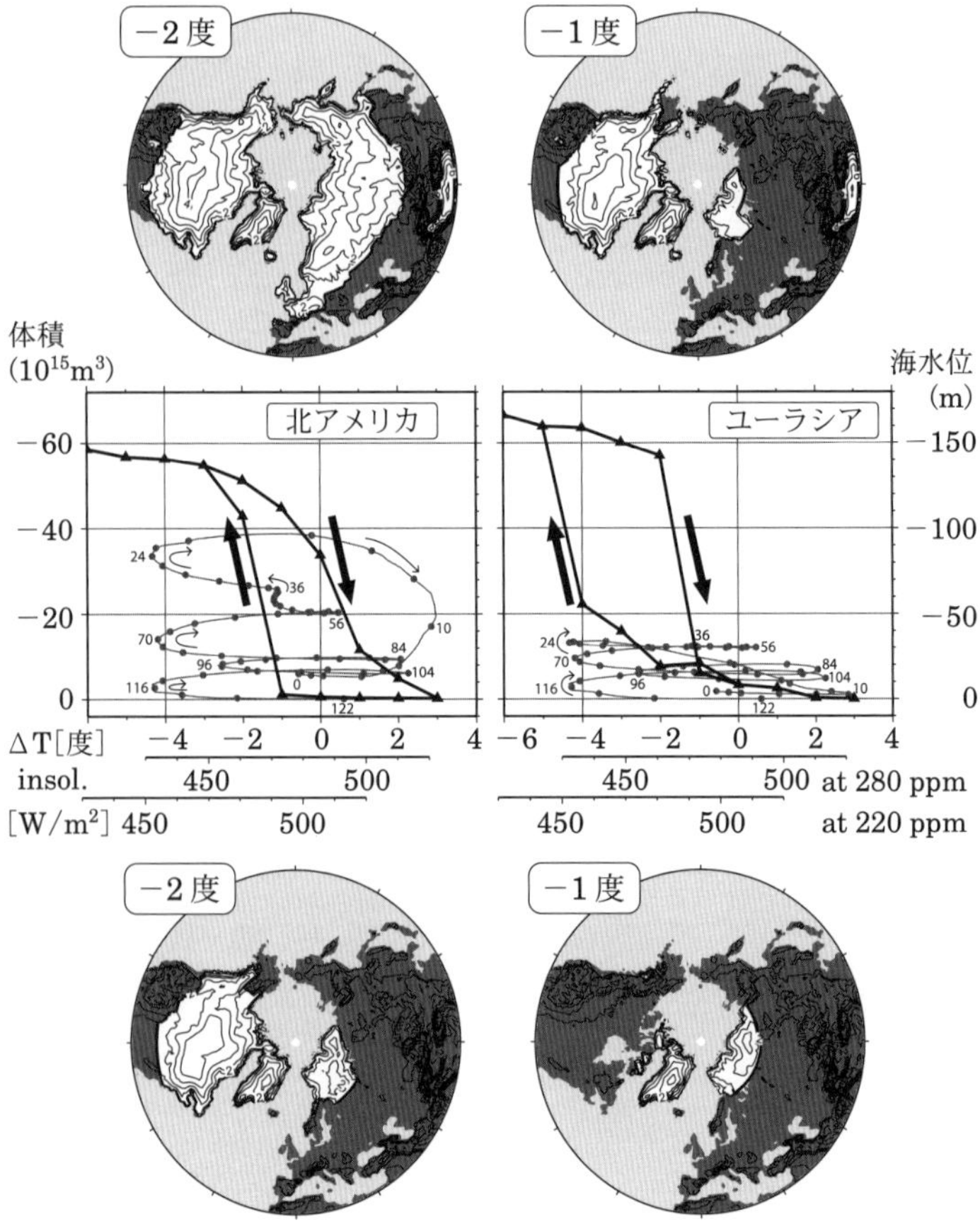

図３　現在（０度）からの気温変化に対する氷床の変化。（上と下地図）氷床高度分布図（白地に等高線（１km ごと））。（中）氷床体積（右縦軸は海水位相当）の気温差（横軸）に対する長時間定常応答（実線）と過去 12 万年の軌跡（グレーの曲線、矢印は最近 12 万年のシミュレーション結果の時間方向、軌跡上の数字は千年単位の年代を示す）。

■今後の展望

現在は、グリーンランドで観測された観測データ解析と数値実験とをさらに組み合わせて、もっと細かく気候と氷床の変動のメカニズムを調べようとしている。海洋深層循環への影響やそこからのフィードバック効果、北半球氷床の影響を直接受けない場所や、北半球とは日射量変動の位相が逆である南半球の気候変動などについても研究を進めている。日射によって真っ先に反応した北半球氷床の融け水に海洋の深層循環が反応し、二酸化炭素濃度に重要な南半球の気温が急激に上昇する数値実験成果も出しつつある。また、いまや古気候・古環境データも地域的・時間的に高解像度なものが出てきており、より細かいプロセスを扱わないと説明できない事象もある。グリーンランドで観測されている数千年ごとに氷期中盤だけに見られるダンスガードオシュガーイベントと言われる気候変動（図2の下段のf）と氷期サイクルとの深い関連の糸口も最近見えてきた。北半球だけでなく南極氷床にも研究を拡張し、専門や世代を超えた研究を展開して謎解きを目指している。

実は、氷期-間氷期サイクルが10万年周期で起こるのは最近100万年のことで、それ以前は4万年周期で、その振幅も小さかったことが分かっている。このような周期性や振幅の変化がなぜ起きたのか、長期気候変化の実態を知るために研究を推進することが不可欠である。外的要因に対する気候システムの応答の根本的理解を進めることこそが、過去の気候変動の原因を解き明

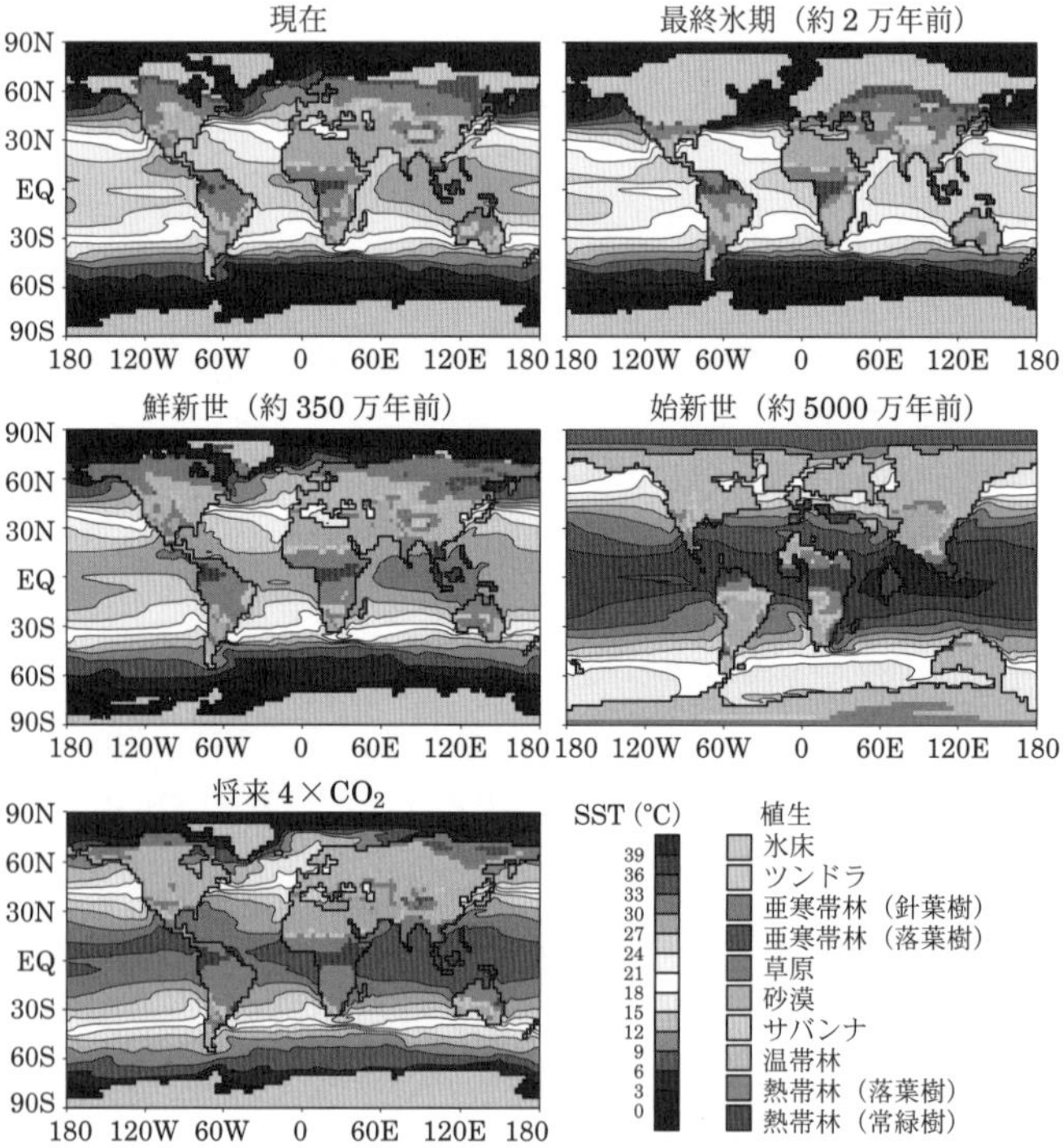

図 4　気候モデルによる現在、過去、将来のシミュレーション例（海洋上は表面海水温度 SST、陸上は氷床や植生の分布の計算結果を示す）。

かす道筋を作るだけでなく、地球温暖化とその影響の長期将来予測のためにもきわめて重要であろう（図4）。

世の中ではビッグデータとスーパーコンピューターを活用する必要性がますます大きくなっていくだろう。相関だけでなく、しっかり因果関係の各ステップを考え抜き、科学の難問を解いていく――やるべきことは前に進むと見えてくる。

■後輩に伝えたいこと

若いときにはわからず後になって気づくのは、人生の時間には限りがあること、それをどう生かすかは自分次第だということだ。自分は何度も挫折を繰り返したが、基礎からきちんと科学をやることで前に進むしかないと思うに至った。後悔しないと思う選択をすれば道は必ず開かれると思う。ところで、迷ったときは厳しい道を選ぶことは重要であるが、人に心配をかけないためにも少し逃げ道を用意しておく（あるいはそういう助けを受ける）ことも大事だと思う。私はいつも「いくつも逃げ道がある」という安心感を持つことで、難しい道を前に進ませてもらってきた。後輩の皆さんには、少々の困難は覚悟しつつ無理しすぎず自分の信じる道に進んで欲しい。

略歴

1985年　東京大学理学部地学科（地理学）卒業、地球物理学科学士入学

１９８９年　東京大学大学院理学系地球物理学修士終了
１９９３年　スイス連邦工科大学ＥＴＨ博士取得、日本学術振興会特別研究員
１９９５年　東京大学気候システム研究センター助手
２００４年　東京大学大気海洋研究所准教授
２０１６年　東京大学大気海洋研究所教授

受賞歴

２０１４年　日本気象学会学会賞
２０１４年　日本第四紀学会学術賞
２０２１年　ヨーロッパ地球科学連合（ＥＧＵ）メダル（Milankovitch Medal）

論文

Climatic Conditions for modelling the Northern Hemisphere ice sheets throughout the ice age cycle. Abe-Ouchi, A., Segawa, T. and Saito, F., *Climate of the Past* 2007, 3, 423–438

Insolation-driven 100,000-year glacial cycles and hysteresis of ice-sheet volume. Abe-Ouchi, A., Saito, F., Kawamura, K., Raymo, M.E., Okuno, J., Takahashi, K. and Blatter, H., *Nature* 2013, 500, 190–193

State dependence of climatic instability over the past 720,000 years from Antarctic ice cores and climate modeling. Kawamura, K., Abe-Ouchi, A. *et al.*, Ice Core Project, *Science Advances* 2017, 3, e1600446

学会・社会活動

日本学術会議　連携会員

国際古気候モデリング比較（ＰＭＩＰ）科学策定委員

国連ＩＰＣＣ第５次報告書執筆者および特別報告書（海と雪氷）査読編集者

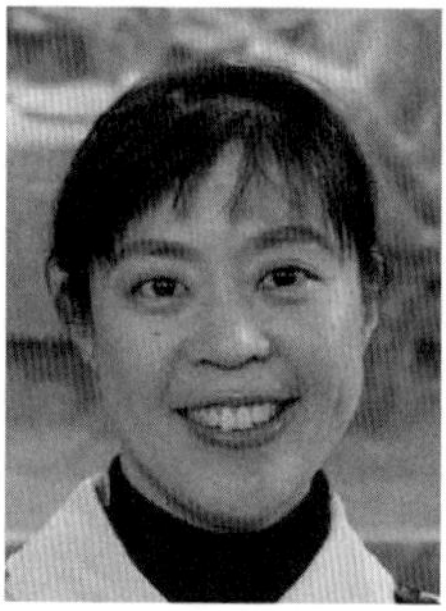

原子核理論研究の楽しさ

（第33回）肥山詠美子《ひやまえみこ》

■研究のきっかけ

私が研究している原子核物理学に興味を持ったのは、高校3年生の冬である。高校3年生と言えば、ほとんどの人が大学と学部を決めて、入試に向かって必死に勉強をしている時期である。両親からは「家から通える国立大学以外は行ってはいけない」とお達しがあったので、地元大学である九州大学ということだけ考えていたが、学部はまだ漠然としていて確定はしていなかった。そんな中で、得意だった物理の授業で、「原子核物理学」の講義があった。私はこの講義に衝撃を受けた。今までは、目に見える現象を定式化して学ぶことが多かったが、原子核は目に見えないのに、現象を式で表すことができ、しかも現象を説明することができるのだ。このことが不思議でならず、当時の高校の先生にさまざまな質問をしたが、入試のこともあり、先生から「そこまで原子核に興味があるのであれば、理学部の物理学科に行ってみたら」と言われた。そこで、悩まず九州大学の理学部物理学科に入学した。原子核の理論研究者を目指したのは、大学3年生のときだ。その当時の原子核物理学を講義していた先生の話に感銘を受けたからだ。先生の講義は通常と異なり、講義の合間にそのときの研究の最前線の課題を紹介してくれた。たとえば、その当時の原子核の分野では、核融合エネルギー生産に関する課題であるミュー粒子―重水素―三重水素のクーロン力[*1]が働く3粒子系の運動方程式を精度よく解くことが世界の最前線の課題の一つであり、7桁の精度で答えを求めることが望まれていた。ある国際会議でアメリカのグループ、当時のソ連（現在のロシア）のグループ、九大グループで同時発表を行い、3グループで7桁まで数値が一致した。重要なことはその数値を出すための計算時間で、アメリカやソ連のグループはこの数値を出すために、大型計算機を活用して10時間かかった。しかしながら、九大グループはわずか3分で答えを出したのであった。この話に私は衝撃を受けた。また、先生が話を続けた。「九大グループの3体計算理論は、誰でも使いやすい理論なので、この方法をマスターすれば、早くから世界最前線の研究ができる」とおっしゃった。当時、「世界最前線」という真の言葉の意味を私は理解していたわけではなかったが、この言葉に魅力を感じ、迷わず原子核理論の研究

＊1　電荷をもった物体同士が磁石のように引き合う力のこと。

者を目指そうと思った。

しかし、実際に修士課程の学生になって研究を始めると、先生がおっしゃっているほど、3体問題の理論的研究が易しいものではないことを実感した。たしかに、3体問題をマスターすればそこから研究を行うのは早いが、初心者がこの3体問題をマスターするために何年もかかることを先生は都合よく省いていたのだ、ということを後になって知った。この時点で私は研究者になろうという夢を捨てようと一瞬思ったが、元来の負けず嫌いな性格がそうさせなかった。それでは、次に私の研究内容を説明しようと思う。実は、これから説明する3体・4体問題の理論的研究が第33回猿橋賞受賞につながっているのである。

■研究内容

原子核とは陽子と中性子で構成された粒子である。私の研究は原子核の構造を理論的に研究することである。と言っても難しいので、人間社会にたとえてお話しよう。人間社会や自然界において、ある集団を考察するときの基本的な課題の一つは、構成員の間の相互作用が積み重なって、集団全体としての性格や行動が作られていくというダイナミクスを明らかにすることである。そのためには、構成員と集団全体との間のダイナミクスを解明するための研究法が必要となる。その研究法を作ること、そして、それを応用してさまざまな課題に応用することが、私の研究目的の一つである。物理学では、このように多数の構成員とその間の相互作用から出発して、集団全体の性格・行動を議論していくことを「多体問題」と呼ぶ。その中で、「3体問題」がその出発点になるが、この一番小規模な場合においても問題は難しい。たとえば、人間社会では、仲の良い2人組が物事を決めるとき、比較的簡単に決めることができる。しかし、これが1人、1人と増えていき、3体問題、4体問題となると決めるべき物事が複雑になることがわかる。多体問題が複雑であることは、目に見えないミクロな世界である原子核でも同様で、3体問題を解くことは難しい。九大グループでは、原子核の3体問題を解く理論を開発し、さまざまな物理の分野に適用して、大きな業績を挙げてきた。冒頭のミュー粒子―重水素―三重水素のクーロン力が働く3体問題もそれに相当する。しかしながら、4体問題以上の精密計算には難しい問題があり、これ以上研究が進まない状態であった。

この4体問題以上の精密計算も可能になるような研究手法(この計算手法を「無限小変位ガウスローブ法」と名付けた)を提案したのが、当時、修士1年の私だったのである。この成果発表をしたのが、修士1年の終わりから修士2年の初めあたりであった。ある日、私がある研究会で講演をした後のことである。ある研究者が私に「そんなに簡単にさまざまな分野に適用できるのであれば、それを実証してください」と言われた。たしかにその通りだと思った。このときから、「無限小変位ガウスローブ法」の物理へのさまざまな適用が始まった。しかし、ここでハタと困ることができた。当時、私は修士2年生であり、物理分野のどの課題にこの方法を適用したらよいのか、まるでわかっていなかった。指導教官は計算技術について指導してくれるが、研究課題の発掘は基本的に自力で行うことが当時の九大グループの方式であった。私の研究生命を救ってくれたのが、「人との出会い」だと思う。重要で必要なときの「人との出会い」によって、自分の研究をここまで続けることができたのではないかと思う。ここでは、東北大学の実験の先生との出会いであった。

1994年の秋に、当時新潟大学の教授の還暦を祝う会が花咲温泉で行われた。この会での夕食で偶然、私の隣に座っていたのが、その東北大の先生だった。私の隣に座っておられたのも何かのご縁とばかりに先生に話しかけた。先生の専門は「ハイパー核物理」で、原子核とストレンジネスクォークを含む粒子であるハイペロンとが構成された粒子をハイパー核と呼び、この原子核を人工的に生成したその実験的構造研究である。もともと、私はその研究には興味があったので、先生に「私は今、九大の修士2年生の学生ですが、ハイパー核物理にとても興味があります。何か面白い研究課題はありませんか？」と聞くと、早速とばかりに、当時のハイパー核の理論の大家である2人の先生を紹介された。このことがきっかけとなって、両先生方との共同研究が始まった。修士2年だったので、実質は両先生方からの研究指導であり、この研究指導の賜物によって、私はハイパー核物理の分野における重要な位置を得たのだと思っている。

■ハイパー核物理における研究

ハイパー核物理研究を始めること自体は良かったのだが、問題は、私の研究室には今まで誰もハイパー核物理を研究した人がいなかったことである。したがって、すべてにおいて自力で勉強するしかなかった。このような状況下で、当時は電子メールもなかったので、FAXで計算結果を報告したり、電話で議論したりした。さらに、研究を進めるために、毎月、当時の原子核研究所（田無市）に通って数日滞在し、共同研究者と議論を朝から晩まで行った。わからないことをすぐに質問できる相手がいないもどかしさがあったが、その代わりに、自力で研究を進めるやり方をこのときに学んだ。

幸運だったことは、この時期に、文科省の重点領域という大型の科学研究費がハイパー核物理に投入されたことだった。このことで、実験と理論が協力して物理を推し進めていこうという機運が高まっていた。周りの事情など知らない私でも、この雰囲気は感じた。典型的な例として、毎年夏に開催される実験・理論合同の研究会は、私のその後の研究生活に大きく影響を及ぼすものとなった。これまでは、理論と実験は分かれて議論するものだと思っていた。しかし、この研究会では、理論・実験がどういう物理を得るために、どの実験を行うべきか、それはいつ行うべきかを、真剣に議論した。なおかつ、実験家と理論家が非常に仲が良いことにも驚いた。このようにこの研究会はすべてが真新しく印象深いものであった。このような雰囲気の中で、私自身も「ただ、計算できるから研究するのではなく、戦略を持って研究しなければいけない。さらには、理論家の使命だ」と学んだ。得られる物理が現実的かを考えるために、実験の可能性も探らないといけない。これが、理論家の使命だ」と学んだ。

研究を行うにあたって、通常の原子核物理学とハイパー核物理学での研究の常識の違いを目の当たりにした。通常原子核では、粒子間の相互作用はすでにわかっているのでその相互作用を使用して、シュレディンガー方程式を解く。しかしながら、ハイパー核物理学では、ハイペロン-核子間の相互作用には多くの不定性がある。このような不定性の大きな相互作用を使ってシュレディンガー方程式を解くということはどういうことだろうと最初は戸惑った。その後、このことを逆手にとって、多体系問題計算を正しく解くことから不定性の大きなハイペロン-核子間相互作用を決めるという新しい潮流を生み出したのもこのころである。このときの代表的な研究は、${}^{9}_{\Lambda}\mathrm{Be}$（二つの${}^{4}\mathrm{He}$とラムダ粒子で構成されたハイパー核）と${}^{13}_{\Lambda}\mathrm{C}$（三つの${}^{4}\mathrm{He}$とラムダ粒子で構成されたハイパー核）におけるラムダ-核子間のスピン軌道力を決定するというものである。ラムダ-核子間のスピン軌道力の望ましい大きさがいくらであるのかは、解決すべき重要な課題であった。この課題に決着すべく、当時のアメリカのブルックヘブン国立研究所において、${}^{9}_{\Lambda}\mathrm{Be}$と${}^{13}_{\Lambda}\mathrm{C}$の励起状態からのガンマ線を観測し、ラムダ-核子間スピン軌道力による分岐エネルギーを精度よく測定することによって、ラムダ-核子間スピン軌道力を決定するという実験を行った。この実験に先駆けて、私は、${}^{9}_{\Lambda}\mathrm{Be}$を二つの${}^{4}\mathrm{He}$とラムダの3体問題、${}^{13}_{\Lambda}\mathrm{C}$を三つの${}^{4}\mathrm{He}$とラムダの4体問題に基づいて、分岐エネルギーを計算した。このときに用いたラムダ-核子間相互作用は、中間子理論に基づいたものとクォーク模型理論に基づいたものを用いた。ここでの計算では、クォーク模型理論に基づいた分岐エネルギーは、中間子理論に基づいたものより、非常に小さな分岐エネルギーを与えることを指摘した。その後、実験データが報告され、クォーク理論に基づいた分岐エネルギーが、実験データを再現した。このことにより、私は2001年第3回原子核理論論文新人賞を受賞したのだった。これは、実験と理論との共同研究の一例ではあるが、この間、東北大学、高エネルギー加速器研究所、大阪大学のさまざまな実験家の方々と議論を重ね、ハイペロン-核子間相互作用の研究を推し進めていった。このように、ここでは、実験家との議論の重要性を学んだように思う。

■多方面の物理への適用

「無限小変位ガウスローブ法」のハイパー核への適用が成功をおさめつつあるときに、ある研究者が私に言った。「肥山の研究はハイパー核物理に特化していて、研究範囲が狭い」ということだった。博士課程を修了し、理研のポスドクを経由して、高エネルギー加速器研究機構の助手をしていたときである。高エネルギー加速器研究機構での重要な研究の一つは、ハイパー核物理であったので、そのようなことを言われると思っていなかっただけに、ショックも大きかった。しかし、この一言も、私の研究の幅を広げるチャンスとなった。ありがたいことに、大阪大学の先生から、ハイペロンは三つのクォークで構成されているという観点から、このハイペロンの弱崩壊過程を研究しないかと声をかけられた。他分野への研究拡大を考えていた私には渡りに船で、すぐにこの研究を始めた。異なる分野での研究は、言葉や価値観も異なるので、その分野の価値観に慣れるのに苦労した。しかし、このことがきっかけとなって、他分野の研究を行う精神的障壁が取り払われたように思う。

ちょうど、このようにクォーク多体系問題の研究をしているときに、幸運というべき実験データが報告された。2004年にΘ^+という五つのクォークで構成された粒子（ペンタクォーク）が発見された。これまで地球上に存在する粒子は、二つ、もしくは三つのクォークで構成された粒子である。四つ以上のクォークで構成される粒子はエキゾチック粒子と呼ばれ、理論的には存在することは指摘されていたが、実際に観測されたのはこのときであり、世界中が驚きと喜びでこの実験データを迎えた。私もこの実験に非常に興味を持ち、早速、自分の計算法でこの問題にとりかかった。このデータが報告された当初は、私が奈良女子大学の理学部物理科学科の助教授として着任、同時に結婚した時期と重なり、公私とも忙しい時期であった。研究所の助手から大学へ異動すると講義の準備で忙殺されるのが通常である。しかし、このエキゾチック粒子の研究欲が勝った。そこで、新婚旅行の2週間、すべてをこの研究をするための数値計算に没頭した。今から思うと夫には申し訳ないことをしたと反省をしているが、ここでの数値計算が私の計算法の5体問題への発展につながったのだと思い、夫には同時に感謝している。

このエキゾチック粒子であるΘ^+は、理論的には、実験を再現することは大変難しかった。つまり、実験が報告しているエネルギー領域には、共鳴状態を得ることができなかった。さらには、この実験値について現在も確定されるには至っていないという問題がある。これは、私の計算の理論の枠組みに問題があるのか、それとも別の問題（実験的な問題）に起因するものなのかがいまだに判然とせず、現在もエキゾチック粒子の存在を理論的に解明できるのかは私の中では結論がでておらず、いつかは解決したいと思っている私の研究課題の一つである。

さらには、私は偶然にも原子・分子への研究を進める機会に恵まれた。２００８年に奈良女子大学から理化学研究所の准主任研究員として異動して1年ほどたったときに東大の理論の先生から、冷却原子の研究のお誘いを受けた。私には、原子・分子分野は未知の世界であり、その世界に入ることを躊躇した。原子核分野ではある程度確立した地位を築いているのに、あえて新しい分野に顔を突っ込む意味があるのだろうか、とも考えた。しかし、元来の好奇心が勝った。私は、知らない世界があるとどうしても知りたいという欲求があるようだ。まずは、^{4}He–^{4}He の原子ポテンシャルを活用して、3体、4体問題の束縛状態を解いてみようということになった。ここでの基本的な課題は、^{4}He–^{4}He 原子間の現実的なポテンシャルを用いて、^{4}He の3体・4体問題の束縛状態を求めるということで、我々の原子核理論物理分野では単純な課題に思えるが、しかし実は計算としては非常に難しい問題であった。というのは、短距離斥力と外側の極度に浅い引力での下の極度に浅い束縛状態である3体・4体問題を解くということに帰着され、この問題は私は経験したことがなかった。実際、^{4}He の3体問題については、１９９０年代前半から２００５年あたりにかけていろいろな計算法でいろいろなグループが束縛状態について精密に解けるようになった。一方、4体問題については、２０００年ごろからさまざまなグループで計算が開始された。

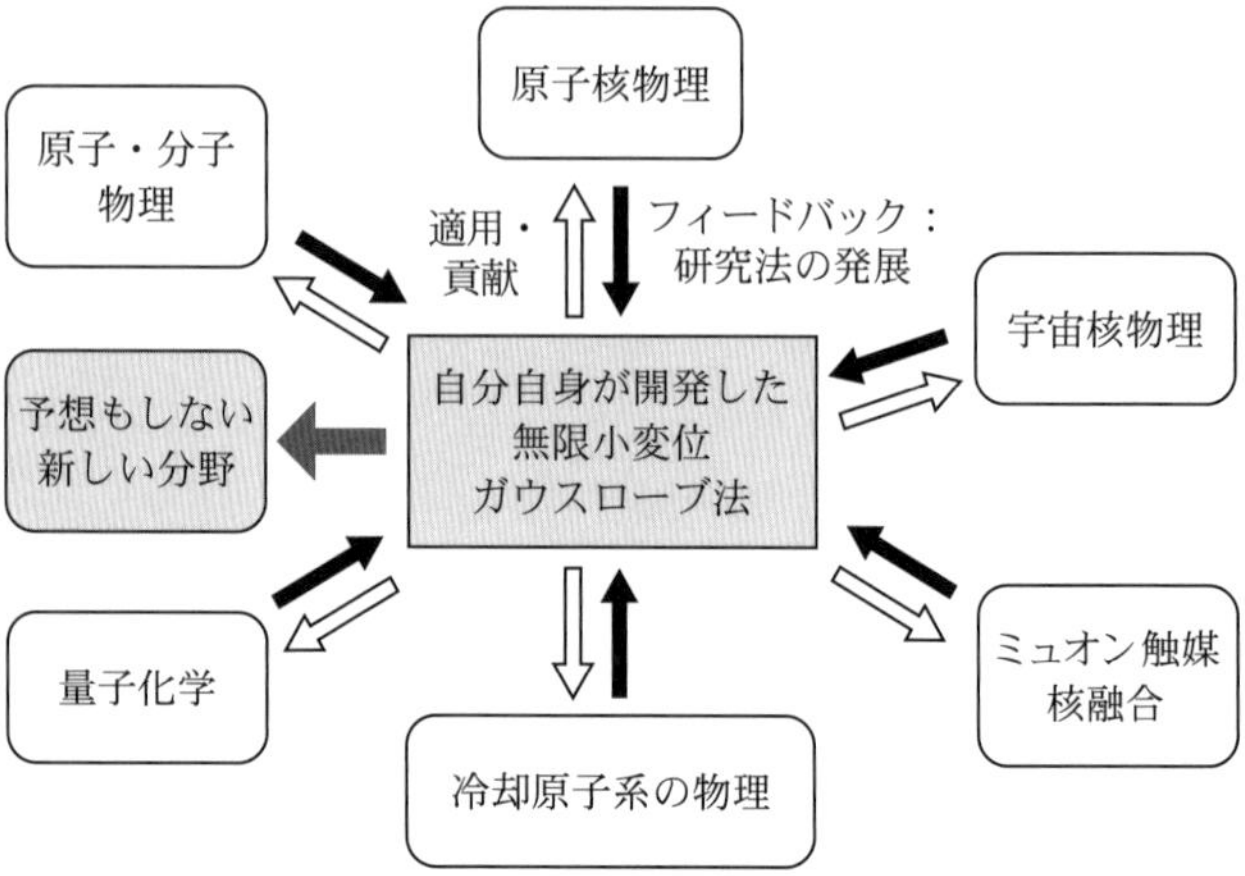

図１　私の研究戦略図

しかし、基底状態に関しては、いくつか精密計算があるが、励起状態については、精密計算の成功例がなかった。このような状態であれば、俄然やる気が出てくるのである。早速、この計算に取り掛かり、2012年に、「無限小変位ガウスローブ法」の原子分子への初めての適用例として、論文に掲載した。このように修士1年のときから、「無限小変位ガウスローブ法」を物理学へのさまざまな方面への一連の適用を行う成功例が整った。私は図のような研究戦略を立てながら、研究を行っている。中心に自身で開発した「無限小変位ガウスローブ法」があり、それを主に白矢印のように原子核物理分野に適用してきた。その結果、黒矢印のように中心の計算理論が発展し、さらには発展した手法で、異なる分野に出かけてさらにそこでの新しい知見を得るというやり方である。このような業績が認められて、2012年5月に第33回猿橋賞を受賞することになったときは、天にも昇る気持ちであった。猿橋賞は、女性にとっての最高の賞であることは、高校のときに、新聞を見て知っていた。まさか、自分がその賞に選ばれると誰が想像しただろうか。

■猿橋賞を受賞して

猿橋賞を受賞した後の1年間は怒濤のスケジュールであった。どの猿橋受賞者も同じだと思うが、ラジオやテレビ、新聞などから取材が来る。今まで、このようなことがなかっただけに1年間は非日常の中にいたような感じがする。ただ、女性研究者が注目を浴びることで、女性研究者も上にプロモートできるのであることを実体験で見せることはとても重要だと思う。私の生きざまがどの程度の女性の後輩たちを元気づけているかは皆目検討はつかない。しかし、男性と負けないくらい頑張っている女性が存在することは重要だと思っている。この受賞後、さまざまな要職に就くことになる。一番ハードだったのは、日本物理学会の大会担当理事になったことだ。2年間の役職ではあったが、年齢的にも他の理事先生よりずいぶん若いのに、難しいことをいろいろとやらされたのは、本当に骨が折れた。今まで、研究のことしか考えていなかった私が、ある意味の「マネージメント」を勉強する良い機会だったと思う。それ以外にも、さまざまな審査員も引き受けたりと多忙な毎日を送っている。これも、猿橋賞を受賞した「役得」だと思って、お引き受けしている。また、2017年9月に母校である九州大学の自分の研究室の教授として戻

図2　2018年7月、天津の南開大学にて大学院生を対象に集中講義。

ってきた。２０１２年に猿橋賞を受賞して、5年がたってからであった。猿橋賞受賞者には、後継者を育てることも重要であることを説かれている。きっと、そういうことを期待しての大学教員の異動であると理解した。今は、自分の提案した計算法を大学院生に指導している。また、同時に国内だけでなく、海外の大学院生、特に中国の大学院生の研究指導を行っている。この写真は、毎年、天津の南開大学で行っている集中講義の風景である。研究指導は、自分で研究することと違って、非常に難しいが、やりがいも感じている。この後継者育成という大学院生の研究指導はまだ始まったばかりであり、今後も10年以上続くことになりそうだ。今、大学院生を研究指導していて、思うことがある。「自分はどうせできない」と思って、早々と研究にしてもあきらめてしまうことだ。好きなことをやり抜く勇気、根気を持ってほしいと思う。そしてチャレンジ精神も重要である。若いときは、失敗してもいくらでもやり直しがきく。なおかつ、失敗するほうが、なぜ、あのとき失敗したのかを分析することで、大きな成功にもつながる。そういうことから、ぜひ、失敗を恐れず、やりたいことに挑戦をしてほしいと思う今日この頃である。

略歴

１９９８年　九州大学大学院理学研究科物理学専攻博士課程修了。博士（理学）学位取得
２０００年　高エネルギー加速器研究機構素粒子原子核研究所助手
２００４年　奈良女子大学理学部物理科学科准教授
２００８年　理化学研究所仁科加速器研究センター准主任研究員
２０１７年　九州大学理学研究院教授、理化学研究所仁科加速器科学研究センター室長
２０２０年～現在　東北大学理学研究科教授、理化学研究所仁科加速器科学研究センター、ストレンジネス核物理研究室室長

受賞歴

２００６年　第21回西宮湯川賞
２０１９年　文部科学大臣表彰技術賞　研究部門

論文

Gaussian Expansion Method for Few-Body Systems, [invited review paper]. Hiyama, E., Kino, Y. and Kamimura, M., *Progress in Particle and Nuclear Physics* 2003, 51, 223-307

Few-Body Aspect of Hypernuclear Physics. [invited review paper]. Hiyama, E., *Few-Body Systems* 2012, 53, 189-236

Structure of S=−2 Hypernuclei and Hyperon-Hyperon Interactions. Hiyama, E. and Nakazawa K., *Annual Review of Nuclear and Particle Science* 2018, 68, 131-159

学会・社会活動

２０１６〜18年　日本物理学会理事

２０１８〜20年　アメリカ物理学会 *Physical Review C* エディター

２０１８〜20年　大阪大学核物理センター運営委員

どこまでも私らしく

（第34回）一二三恵美《ひふみえみ》

■研究者の免許

その日は就職活動に追われながら学会発表を計画している大学院生のことが気になって、実験室の共用パソコンにあるデータの解析を行った。土曜日ということもあって、気楽に作業を進めて目処を立て、研究室に戻ったのは夜の11時45分。普通ならそのまま帰宅するところであるが、なぜかパソコンを起動してメールを確認した。目に入ったのは「12時（24時）までお待ちします。ご連絡ください」という米沢富美子先生（当時の「女性科学者に明るい未来をの会」会長）からのメールだった。大変失礼なことに、ピンとこないまま、記載されている番号にダイヤルし、聞こえてきたのは「一二三恵美さんですね。あ～良かった。やっと連絡が取れました。おめでとうございます。今年の猿橋賞受賞者に決まりました」という米沢先生の明るい声であった。私はと言うと、あまりの驚きに全身が固まってしまい、連絡事項のメモを取るのが精一杯。電話を置いた後も、しばらくは呆然として動けなかった。

スーパー抗体酵素研究に取り組んで18年、分子機能の解析がなかなか進まず、「精一杯やってきたけれども、やはり能力不足は補えないのかなぁ」という思いが年を重ねるごとに強くなっていた。猿橋賞の受賞により、ようやく自分自身を研究者として認めることができるようになった。

■女性としての生き方

我が家は母が看護師で、三つ下の妹の出産と同時にいったん家庭に入り、私が小学5年のときに職場復帰した。勤務先が救急指定病医院で、手術の器具出しの担当が長かったこともあり、定時に帰れないことや、緊急の呼び出しも日常茶飯事だった。今思えば、他の看護師さんでも対応できることはあったのだろうと思うが、母はどんなときでも病院から呼び出しがかかると即答で了解し、父が運転免許を持たない母の送り迎えをした。まだ「女性は結婚したら家庭を守る」が普通だった頃のことである。父は家事についてとやかく言うことはなかったが、手伝うこともなかった。母は、「お手伝い」が増えることにストレスを感じる私の気持ちをまったく気にすることなく、看護師の仕事に誇りを持ち、必要とされることを喜んでいるように見えた。しかし、朝から忙しく働き、昼食後は休憩中に勤務先近くのスーパーに買い出しに行き、戻ると午後の勤務。

図1　2017年11月、医療短大の同窓会にて。同窓会翌日のスナップ写真。後列左から4番目が中澤晶子先生、5番目が岡野こずえ先生。前列右から2番目が筆者。

体力的にはきついときもあっただろうと思う。
　私はというと、ピアノの先生になりたいとか、お菓子屋さんになりたいといった女の子らしい夢を持ったこともあるが、高校生になる頃には、「女性が働くには資格が必要」という現実的な考えに変わった。とはいえ、女性の専門職として頭に浮かぶのは学校の先生や看護師、薬剤師といった医療従事者くらいしかなく、その他の道を模索する積極性も持っていなかった。自宅からの通学圏内に山口大学医療技術短期大学部衛生技術学科（現、医学部保健学科）があり、衛生技術学科に進んで臨床検査技師を目指した。専門学校から3年制の短期大学部に改組されて3年目。臨床検査の分野も自動化が進み始めた頃であったが、「どんな病院（検査センター）のどの部署に配属されても即戦力になるように」という教育方針のもと、検査技術と、社会人としての心得を叩き込まれた。「失敗は恥ずかしいことと思いなさい。」「健康管理も仕事のうち。風邪は欠席の理由になりません。」「同じ実習は2度とないので、実習の欠席は認めません。」「常に一つ二つ先のことを考えて行動しなさい。指示待ち人間はダメです。」今はとても口にできないような厳しい言葉を投げかけられた。微生物学実習では、当時教授でいらした中澤晶子先生の方針で、生きた病原菌を扱い、他の実習でも患者検体を素手で扱った。それでも事故は一切起きなかった。

職業婦人としての母の生き様と医療短大で受けた教育を通して、「資格」の持つ意味と、当時は家事のほとんどを担う立場にあった「女性が働く」ということへの覚悟を身につけた。それゆえ、卒業後は一生懸命に働き、結婚と子育ての時期に差し掛かったとき、両方が中途半端になるならば、いったん家庭に入ろうと思った。

■研究者への道

衛生技術学科の卒業生は、病院の検査部か臨床検査センターへの就職が一般的である。私が卒業した年は、郷里の大手病院で検査技師の募集がないなど、就職難であった。そんなときに、地元の化学系企業の研究所で検査技師を募集していると聞き、入社試験を受けて内定をもらった。偶然にも臨床検査技師として採用されたもう1人が高校の同期生で、研究所の医薬研究部への配属となった。私にとって平穏だったのはここまでで、医薬研究部長より研究員名簿を渡されて、部内を案内されたときのカルチャーショックは凄まじいものがあった。

子供の頃から母の勤め先の先生や看護師さんと家族ぐるみのお付き合いがあり、医療用語が普通に飛び交う環境で育った。何より医療技術短大で学んだ検査技師なのに、飛び交う専門用語の多くは意味不明で、外国語を聞いているようだった。山口大学医学部の図書館にも足を運んだが、企業の研究所で進めている研究の情報が得られるはずもない。指示を受けなければ何もできず、「ここでは給料分の働きはできない。道を誤った」と心底落ち込んだ。ところが、1週間ほど過ぎた晴れた朝、空を見上げた瞬間に、ふと「まだ何もしていない」ということに気付いた。最初からダメだと決め込んで思い悩んでいるだけで、誰からも「ダメだ」という烙印は押されていない。「1年間は必死に頑張って、それでも役に立てないならば、転職でも何でもそのときに考える」と決めた。そう考えると、気持ちは楽になり、指示されなくてもできることがあると気付いた。朝、乾燥器の器具が片付いていれば先輩はすぐに仕事が始められる。ゴミ箱のゴミが片付いていれば、気持ち良く仕事に取りかかれる。コピーは原紙の汚れを目立たなくしてとれば、メモも書き入れやすいし、何より気持ち良い。などなど。実際の業務は、抗体を使った検査薬や診断薬の開発研究で、開発中のキットの性能試験や認可に関わるデータの採取などを担当した。技術的には、学生時代に学んだ検査とは異なるものであったが、戸惑うことはなかった。直接担当していない製品についても、重要なデータ取りの際はメンバーの1人に加えられていたので、技術的には信頼されていたのだろう。兎にも角にも、どのようなことも手を抜かずに精一杯取り組んだ。これが私の研究者デビューである。

■研究テーマとの出会い

広島県立大学に移ったのは29歳の春で、宇田研究室に所属して、「抗体」を柱にした研究に取り組んだ。「抗体」はBリンパ球が作るタンパク質で、身体に入った異物（抗原と呼ぶ）を見分けて結合する。すると、これが目印になって、体内の異物処理部隊が総攻撃をかけて抗原を処理してくれる。生命科学の分野では、抗原を見分ける優れた能力が古くから利用されている。宇田研究室では、抗体を「抗体のまま」で使う以外に、パーツに分け、分けたものを組み合わせて使う手法を取り入れていた。その中で、卒論発表を間近に控えた4年生が妙なデータを持ってきた。これが現在の研究テーマとの出会いである。

抗体を使う実験では、ときどきトラブルが発生する。その要因はいくつかあって、結果を見ればおおよその見当はつく。ところがそのデータは、想定されるトラブルでは説明の付かないものであった。この卒論生に別の抗体を使って同じような実験をするように指示すると、とても綺麗なデータを持って来た。技術的な問題ではない。そこで、消去法で一つずつ原因を取り除いた結果、最後に残ったのは「試験管の中から抗原が消えた」というものであった。本来は抗原を捕まえることしかできないはずの抗体が、パーツを取り出して使うと酵素のように抗原を分解したのである（これを「スーパー抗体酵素」と命名した）。

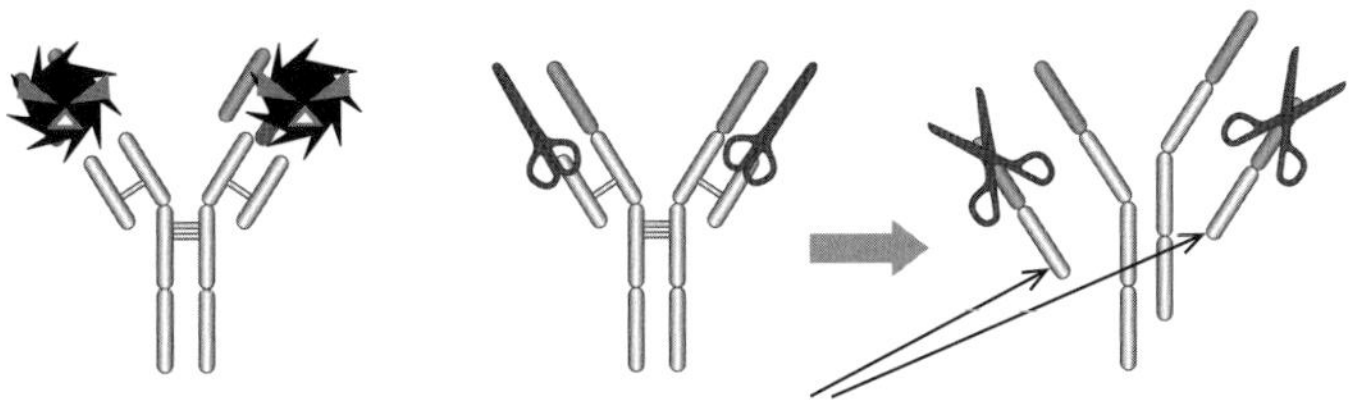
通常の抗体：
抗原と特異的に結合する
スーパー抗体酵素：ハサミを持った抗体鎖。
抗原に対する分解能を持つ

図２　通常の抗体とスーパー抗体酵素の違い。

抗体のパーツが単独で機能することだけでも非常識、これが抗体以上の機能を発揮するなど軽々に言えることではない。当時手掛けていたテーマはペンディングして、この現象が本当か否かを私自身が確かめることになった。もっとも重要なことは、本当に抗体のパーツが引き起こした現象か否かの確認であり、「試験管内に混入したタンパク分解酵素や微生物によるものではないこと」を証明する必要があった。ところが、この実験は恐ろしく再現性に乏しかった。こんなときは、「まれにある汚染が原因」と結論付けるのが一般的であろう。しかし、私は微生物の扱いも無菌操作も厳しく仕込まれていて、十分な注意を払っていた。ミスにしては頻度が高いし、逆に微生物の混入を完全には防ぎきれない条件でも、抗原の分解は起こらない。間違いなら間違いで良いから、納得いく結論を得たかった。ほんの2〜3か月で結論付けるつもりが、確認に費やしたのは2年間。証拠となるデータを増やして、学会発表にこぎ着けたのはさらに半年後。34歳のことであった。翌年、これを論文にまとめ、「スーパー抗体酵素研究」が生涯のテーマになった。

■研究継続の理由

企業での研究は、研究テーマや方針は会社の方針によって決定される。昨日まで一生懸命に取り組んでいたテーマが打ち切られることも、チームそのものに解散が言い渡されることもある。日常的な面では、労働環境も管理されるので、無茶な研究スケジュールを強いられることはない反面、時間や賃金とは関係なく突き詰めたい実験があっても、個人の判断で実施することはできない。

「必死に頑張って」の日々の中、企業で所属していた研究チームの解散が決まった。「人の3倍頑張っても追いつかない」という気持ちで研究業務に取り組んでいただけに、あっけなさが空しく、「研究するなら柵のないところで頑張りたいし、そうでなければ本来の検査技師として働きたい」と思うようになった。解散に合わせて退職した後、縁あって広島県立大学に助手として採用された。担当する学生実験を含めて仕事に対する緊張感に変わりはなかったが、夜間や休日を含めて、私のペースで仕事に取り組むことができ、とてもありがたかった。そんな中で出会ったのが前述の不可思議なデータである。

今は、恐ろしく再現性が悪かった理由も明確になり、「然もありなん」と言えるようになったけれども、当時は出口の見えないトンネルに入っている状態であった。外部発表ができる成果が得られない日々に、将来を案じた宇田教授が「そろそろ諦めたら」と仰ったらしいが、私はまったく記憶にない。幸か不幸か、当時の私は研究者としての将来像をまったく持ち合わせておらず、白黒はっきりしないことがただただ悔しかった。このときの「このまま引き下がるわけにはいかない」という気持ちと、「間違いない」と確信したときの喜びが、研究を続ける最大の原動力となっている。

幸いなことに、最初に出会ったスーパー抗体酵素による抗原の分解は間違いないことが確認できた。こういったスーパー抗体酵素が、ある一定の割合で存在することや、ピロリ菌の生育を阻害するスーパー抗体酵素が、マウスの体内でも有効に機能することを明らかにすることができ、これらの成果により2014年に猿橋賞を受賞した。

■猿橋賞を受賞して

猿橋賞を受賞したことで、大きく変わったことが二つある。一つは経歴が取り上げられて講演や執筆の依頼を受けるようになったこと、他方は私の内面の変化である。

「能力不足は努力で補い、何事も最善を尽くす」という気持ちで取り組み、気付けば研究生活は30年近くになっていた。振り返ると、2001年に九州大学より工学博士の学位を受け、2004年に大学婦人教会（現・一般社団法人 大学女性協会）より守田科学研究奨励賞を受賞した。2005年には助教授に昇任、同年10月にはJSTさきがけ（若手研究者対象の大型研究プロジェクト）の「構造機能と計測分析」領域に採択され、2007年には大分大学に先端医工学研究センターの教授として移った。猿橋賞を受賞した2014年には、大分県賞詞（県民栄誉賞）に加えて、最年少で大分合同新聞文化賞（学術）を受賞した。大分県関係でこのように取り上げていただいたことは、とても光栄であった。そして、猿橋賞の受賞はもちろんのこと、どの経歴も私にとっては奇跡である。

思い返すと、日々の実験に追われる中、節目節目に周囲の方から「○○があるらしいよ」「そろそろ○○を考えてみては」などの助言をいただいた。現状の責務を果たすことで精一杯の私にとっては、敷居が高く、できれば避けて通りたいものばかりであった。しかし、もがきながらのチャレンジが経験となり、間違いなくステップアップにつながった。私のことを気にかけて、アドバイスくださった諸先輩方には深く感謝申し上げるとともに、若い人には周囲の方々の助言を生かして、自分の可能性を広げていただきたいと思う。

研究面においては、私なりの考え方、進め方で良いと思えたことが大きい。

大学教員は競争的資金により研究費を得て研究を遂行する。受賞の翌年、研究費獲得のための申請について岐路に立った。一つはスーパー抗体酵素の「スター」を確立する方向で、他方は「地固め」を行う方向である。スーパー抗体酵素の「スター」を見つけて育てる土壌は整いつつあったが、一部について、霧の向こうで見えそうで見えていない部分があった。霧を晴らすための検討は、論文や学会発表といった研究発表、すなわち直接的な業績にはつながらない。しかし、この問題に取り組むとすれば、今しかないと思った。受賞により得た自信が背中を押してくれて、

「地固め」、つまりいったん留まって、問題解決に取り組む方向に大きく舵を切った。地固めは功を奏し、「点」として存在していた現象を結ぶ線が明確になり、より広い視野で全体像を見渡せるようになった。それればかりか、抗体をスーパー抗体酵素に変換するための「新たな発見」につながり、今また大きな一歩を踏み出そうとしている。舵を切る決断は間違っていなかった。

■若い皆さんへ

私の経歴は研究者として異例中の異例であり、「末広がりの…」とご紹介いただくことも少なくない。その一方で、若い頃からお世話になっている方々には「末広がりに見えるだろうね」「一発アウト（突然、命に関わる病気に見舞われてもおかしくない）の年齢なのだから、よく考えて」と言われる。私にすれば、120％の力で取り組んでも足りない世界に入ったのだから、全力疾走するしかないのは当たり前である。

では臨床検査技師として働いていたならどうだっただろう？　もう少し、女性らしい生活を送っていたかも知れないが、仕事に対する考え方や姿勢は同じだと思う。なぜならば、私の社会人としての人格形成に大きく影響したのは、医療短大時代の3年間だったからである。冒頭に述べたのはほんの一例で、今ならば即、ハラスメントと言われるような厳しいことをたくさん言われた。病院実習では、2名分の器具で3名が実習するような理不尽な環境に置かれたこともある。一緒のグループの3人が早朝に集まって、器具の使い分けを打ち合わせ、検査部に出向いたことを懐かしく思い出す。3人とも課題をこなすことができ、この経験から「冷静になって考え、工夫すれば、どうにかなる」ということを学んだ。社会に出れば、理不尽なことはいくらでもある。学生に対して座布団を敷かない病院実習のカリキュラムは、貴重な経験であった。そして、厳しい教育の根底には、先生方の熱意があったということを述べておきたい。臨床検査技師という技術者を育成する機関でありながら、同期生40名の中で、私を含めた3名がアカデミックなポジションに就いていることと合わせ、20歳を過ぎた頃の経験が、その後の人生に大きく影響することを痛感する。若い方々には、この期間を大切にして欲しいと思うと同時に、現在は指導的立場にある自分自身を戒めている。

もう一つ、研究者人生を振り返ったときに、幸運だったと思うのは、周囲の方々と自分を比べる気持ちがまったくなかったことである。それゆえ、2年を費やしながらもスーパー抗体酵素の存在を確認することができたし、最近では「地固め」を選ぶことができ、これが新しい発見に結びついた。こうした経験は、研究畑に限ることではなく、他の職種や人生の岐路における選択にも通じる。人と比較して羨んだり、ネットを通して得る情報に捕われずに、自分自身に対して「今、一番大切なのは何か」を問いかけて、心の声を大切にしていただきたい。その声にしたがって真摯に頑張る人を、神様は決して見捨てない。

略歴

１９８６年　宇部興産株式会社　中央研究所研究員

１９９３年　広島県立大学生物資源学部（現・県立広島大学生命環境学部）生物資源開発学科助手

２００５年　県立広島大学生命環境学部生命科学科助教授

２００７年〜現在　大分大学先端医工学研究センター（現・全学研究推進機構）教授

受賞歴

２００４年　大学婦人協会（現・大学女性協会）守田科学研究奨励賞

２０１４年　大分県賞詞（県民栄誉賞）

著書・論文

Super Catalytic Antibody [I]: Decomposition of targeted protein by its antibody light chain. Hifumi, E., Okamoto, Y. and Uda, T., *J. Biosci. Bioeng.* 1999, 88 (3), 323-327

Catalytic features and eradication ability of antibody light chain UA15-L against H. pylori. Hifumi, E., Morihara, F., Hatiuchi, K., Okuda, T., Nishizono, A. and Uda, T., *J. Biol. Chem.* 2008, 283 (2), 899-907

Structural diversity problem of antibodies and catalytic antibody light chains and the solving method. Hifumi, E., Taguchi, H., Kato, R., Arakawa, M., Katayama, Y. and Uda, T., Chapter 10, (pp231-257) *Antibody Engineering* 2018, Edited by Thomas Boldicke (InTech publishers)

学会・社会活動

日本化学会員

高分子学会　バイオ高分子研究会運営委員

日本生物工学会員

研究者としての道のり——植物の発生の謎に迫る

（第35回）鳥《とり》居《い》啓《けい》子《こ》

■研究室主宰者としての独立

植物は光合成を行うために二酸化炭素を吸収する。同時に、光合成副産物である酸素を体外に放出する。もっとも、植物も動物と同じように呼吸して酸素を消費するが、それ以上の酸素を生産し、我々の生存を支えている。このガス交換を担う小さな孔が気孔である。だが、気孔はただの孔ではない。一対の孔辺細胞と呼ばれる特殊な細胞が孔を囲んだ形状をしている。我々が汗をかくように、植物は、葉の表面の気孔から水蒸気を蒸散させ温度を下げる。一方、乾燥条件下では、孔辺細胞の膨圧が下がることにより気孔が閉じ、水分のロスを防ぐ。約4億年前の、気孔の進化は、植物の陸上での繁栄をもたらすとともに、現代の地球大気環境にも大きな影響を及ぼしている。このように農業にも重要な細胞装置であるにも関わらず、気孔の研究はその開閉メカニズムが主で、葉などが成長する過程で気孔がどうやって作られるのか――気孔の発生――に関する研究はほとんど行われていなかった。

過去10年の間、私たちのグループにより、気孔の発生と分布のしくみの大枠が明らかとなり、それが猿橋賞へとつながった。米国でテニュアトラック独立アシスタントプロフェッサーとして、小さいながらも自分の城、研究室を運営することになってから、偶然に助けられた研究成果だった。マイクロソフト、ボーイング、アマゾン、スターバックスなどで知られる米国北部西海岸のハイテク都市シアトルにあるワシントン大学に赴任したのは、1999年末。33歳のときだ。独立ポジションを得たからには、独自の研究を進めたい。そのように思っていた。日本学術振興会（学振）特別研究員PDとして東京大学遺伝子実験施設にて従事した研究を発展させることにした。

植物のゲノムサイズが小さく栽培の容易なシロイヌナズナは、1980年代ごろから、モデル植物として爆発的に普及した。条件を工夫して突然変異体を探索すれば、自分の興味ある現象を司る鍵遺伝子が見つかり、まったくわからなかった分子メカニズムが見えてくる――そんな恵ま

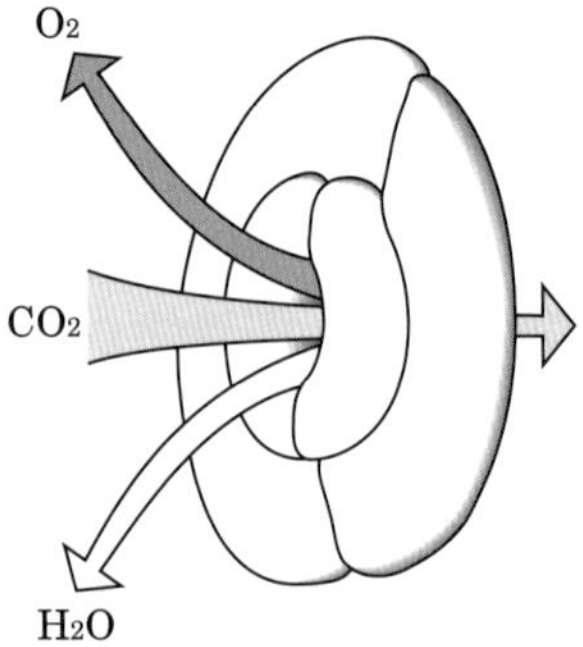

図1　植物の気孔

れた時代であったとも言える。シロイヌナズナのランズバーグエレクタと呼ばれる系統は、背丈が低く生育旺盛なので、遺伝学者たちに好まれていた。学振PDとして、東大では、エレクタの原因遺伝子を同定した。エレクタは受容体型キナーゼという、動物のペプチドホルモン受容体（インシュリン受容体など）と似た構造を持つタンパク質を作っていることがわかった。これはとても驚くべき発見だった。当時は、「植物にペプチドホルモンはないだろう」と考えられていた。それが『常識』とされていた当時、私の発見は、受容体キナーゼを介したペプチドホルモン情報伝達が植物の発生を制御することを示唆した最初の例であったため、植物の分野では世界的に大きく注目された。

しかし、学振PDの2年間の期限切れのあと、次の就職先はなかった。大学院重点化の直前で、今と違ってポスドクという職種はほとんどなく、大学院生が教授の口添えで助手（今の助教）になる時代だった。「鳥居さんは女性だし、結婚して旦那さんに養ってもらえるからいいよね」。そんな無残なことも言われた。研究を続ける場所が欲しい――その思いの中、国際学会に来日した先生達に、必死に自分を売り込んだ。イェール大のシンワン・デン教授から「半年だけならチャンスを与えてもいい」との返事をいただき、身一つでポスドクとして渡米した。その後、エレクタの論文を自力で執筆、投稿、発表した。そんなことがあったため、ワシントン大学で研究室主宰者（Principal Investigator：PIと呼ばれる）として、エレクタの研究を再開することは内心複雑だったが、小さいながらも自分の城で研究を進められることに心からウキウキしていた。まずは、エレクタ変異体の遺伝学的解析をするとともに、シロイヌナズナのゲノム上に見つけた似た遺伝子が二つあるのを発見し、三つの遺伝子が壊れた多重突然変異体を作った。

■気孔の発生のしくみにあっという間に迫った日々

エレクタと関連遺伝子の三重変異体の表皮を見て驚愕した。気孔の巨大な塊が連なっていたからだ。どんな植物種でも、気孔は隣同士にはできない。正常に開閉するためには、気孔の孔辺細胞は隣の表皮細胞と水やイオンを交換しなければならないためである。顕微鏡写真は、「受容体のような構造を持つエレクタは、未知のペプチドホルモンの情報伝達を担い、発生における気孔の配置を制御している」という可能性を示していた。だとすれば、未知のホルモンや気孔の発生運命を決める司令転写因子もあるに違いない。一体それは、どんな分子なのか。

その正体を垣間見るために、少し工夫をした突然変異体の探索を行った。それが大当たりし、気孔を作る一連の転写因子、ミュート(気孔ができないので『無音』)、その姉妹遺伝子スピーチレス(気孔ができないので『言葉がない』――これはスタンフォード大の競合グループによって名付けられた)。さらに、それら転写因子のパートナーとして気孔の分化を統御するスクリーム(気孔だらけになるので『叫び』)などを次々と発見した。他にも、気孔系譜の間細胞分裂に関わるポーラー(『極性』)や、細胞壁と細胞間のつながりがおかしくなり丸く気孔の塊ができるコーラス(『合唱』)なども見つけた。エレクタ受容体に作用すると予測されるペプチドホルモンと思われる遺伝子は、発現ネットワークの解析からあてがついたが、大阪大学の柿本辰男先生が、すでに見つけ出し決め手となる結果も得ていらっしゃった。EPF『表皮パターン因子』と名付けられた一連の低分子性の細胞外へ分泌されるタンパク質である。

これら気孔の発生とパターン形成を担う主要因子達があっという間に見つかったわけだが、パズルの欠けたピースを見つけつなぎ合わせるのが、王道、というか次のステップだ。技術的にかなり苦労はしたが、EPFペプチドがエレクタ受容体に直接結合することを示し、また、シグナル伝達因子と転写因子との関連性を示すこともできた。何もない「白紙」から、遺伝子一つひとつの、ある意味「点」がつながり「線」になり、それがネットワークの「網」を構築し、とすべての過程に携われたのは幸運であった。

2011年に、ハワードヒューズ医学研究所HHMIがムーア財団とタッグを組んで人選した「米国の革新的植物科学者15人」に選出された。それまで数年間の研究成果と勢いを思うと、たった1回だけのチャンスに、たまたま私の研究が脂に乗った時期にあたり幸運であった。HHMIは基礎医学系のトップ研究者達に豊富な研究資金を提供し、「完全に自由なテーマの研究に専念する」という夢のようなシステムを取っている。「どんな研究を行っても良い」。ただし、「挑戦的で革新的なもののみを評価する」というものだ。それまで、2～3年の短期間サイクルの小額な研究費でやりくりしていた立場からうってかわり、また、私は教育（講義）が主体のポストにいたが、大学との交渉により圧倒的に研究に集中できることになった。しかし、研究室を思ったように大きくすることは難しく、また、やりたいと思っていた研究に、世界中（特に中国）の研究グループが次から次へと手を出し始めた。資金はあるのに研究が進まない――焦りと不安は増していた。

■新たな挑戦――合成化学の力で植物の発生を理解し操作する

そんなとき、名古屋大学に合成化学と動植物学を結びつけた新たな研究所を作るという動きがあり、一緒に立ち上げないかとのお誘いをいただいた。もともと好奇心旺盛であり、まったく未知な分野に参入できることに純粋にワクワクした。世界トップレベル研究拠点（ＷＰＩ）として立ち上がったトランスフォーマティブ生命分子研究所ＩＴｂＭにて、海外主任研究者として日本でも研究室を運営することになった。まず、有機合成化学を組み合わせ、化合物の力で気孔の発生に切り込むケミカルバイオロジーのプロジェクトを立ち上げた。同時に、これまでの植物科学の分野ではまったく行われていなかった視点で、新たなツールを作り出したいという意欲が湧き上がったのだが、具体的に何かと思案していた。そんなとき、ＩＴｂＭの別研究グループがまったく別の目的で合成していた一連の化合物を見て、電光石火のようにアイディアが浮かんだ。研究者としてもっともエキサイティングな瞬間だ。

それは、オーキシンと呼ばれる「植物ホルモンの王様」の一連の類縁体化合物（アナログ）であった。オーキシンはインドール酢酸と呼ばれる小さな有機酸であるが、植物の根茎葉花種子す

図2　チーム合成オーキシンのメンバー達。

べての発生分化と形態形成、もちろん気孔の発生も、そして、光や重力など幅広い環境応答を担うホルモンである。しかし、このように小さな化合物が多種多様の反応を引き起こすため、特定のオーキシン情報伝達を解析することは困難をきわめていた。受容体も幅広い組織器官に複数存在し、それらの遺伝子を破壊すると致死となってしまう。オーキシンの受容体の立体構造は解明されていた。ＩＴｂＭの別研究グループは、インドール酢酸に突起状に芳香環をつけた化合物をたくさん作っていた。これら化合物は、オーキシン受容体の結合ポケットにハマらないため、オーキシンとしての生理作用を示さない。「ひょっとして、受容体側に突起部分に対応する穴を作れば、ぴったりはまる合成オーキシンと受容体が設計できないだろうか」と考え、合成化学者である萩原伸也博士と、私のグループの打田直行博士に相談した。その後、この2人のコンビは、植物に生理作用を持たない人工オーキシンと、その人工オーキシンを識別してシグナル惹起する改変オーキシン受容体を作り出した。植物生理学者の高橋宏二博士も加わり、19世紀にダーウィンが報告した「植物が光に向かって曲がる現象」を担うオーキシン受容体の特定に成功した。

あっという間の3年間だった。このように勢いがあり波及効果のある研究に、アイディアから完成まで関われたことは、研究者としての醍醐味であった。

■猿橋賞効果がもたらした新たな責務

猿橋賞は、憧れの米沢富美子先生が会長をされている畏れ多い賞であったが、日本において猿橋賞効果は絶大だった。米国と日本の両方のアカデミア文化の中で育ち、それぞれの良い点や共通性、驚くばかり異なる点など身を持って体験してきた私は、特に日本では遅々として進まない女性研究者の待遇の改善のため、データを持って立ち向かえないかと考えていた。そんな中、猿橋賞を受賞したことにより、さまざまなメディアからインタビューを受けることとなり、あちこちに記事が出ることとなった。それがご縁となったのか、JST（日本科学技術振興機構）から、女性研究者に関するコラムの打診をいただいた。その当時、米国では多く議論されデータ解析されてきた「無意識のバイアス（アンコンシャス・バイアス）」、特に、女性のプロフェッショナルの業績や貢献が過小評価してしまう現象、いわゆる「マチルダ効果」について、研究論文や自身の解析をもとにまとめ上げた。女性研究者は、そもそもキャリアの入り口が狭いのだが、キャリアを積んでも常に業績を過少評価されること。男性社会に入り込みづらく、そのため、重要な情報を逃したりコネをつかみ損なったりして、どんどん脱落していく。そういったことを防ぎつつ、女性研究者の知名度上昇に貢献する、ポジティブアクション（女性限定公募など）、そして猿橋賞のような女性を対象にした表彰の役割はまだまだ重要であることを、データを中心に説得力を持たせるよう留意してまとめ上げた。それが反響を呼び、さらに踏み込んだコラムを朝日新聞の論座に発表させていただいた。これらが更なる縁を呼び、女性研究者活躍推進やキャリア関連の仕事をさせていただいた。日本の科学分野において女性研究者の境遇や立場には改善すべき点が多いし、研究実績を挙げることができた者が、後進の環境改善を進める責務があると痛感したからである。

しかし、これには、裏の事情もあった。猿橋賞を受賞する前年、2014年は、私にとって本当に辛く苦しい年だった。ワシントン大学の自分の所属する生物学部の学部長からパワハラを受けていたからだ。教授会で異議を唱えると、逆ギレされて他の教授の面前で大きな声で叱責されたり、私の研究室だけを対象とした『聞き取り調査』が入ったりした。ともかく「火のないところに煙を立たせよう」とする姿勢があからさまだった。自分と研究室のメンバーを守るために弁護士を雇い、学部長らのEメールの開示請求をして取り寄せたところ「彼女の給与は高すぎる」などといった「（ハワードヒューズに選抜され）自分が特別だと思っている。思い知らせてやる」

旨のメールが出てきたのである。もう言葉にならなかった。日本の男性社会に限界を感じ渡米した私だ。実力主義の米国で独立し、卓越した研究成果を出す。ともかく全速力で奮闘してきたが、結局は白人男性社会には入り込めず、同じような扱いを受けるのだ。「でも、逃げてはいけない。私がボスなのだ。しっかりしなければ」と、これまで一緒に貢献してくれた元ポスドク達の成果を必死にまとめあげた。投稿論文の一つは、査読者全員がポジティブで、あっけないほどあっさり『ネイチャー（*Nature*）』誌に受理される。もう一つは少し苦労したけれど、中堅の雑誌に受理された。大学とも和解し、ある意味無敵となった（私に表立って嫌がらせをしようという教員はいなくなった）のだが、大学執行部の対応への不信感は消えることはなかった。

■今後——新たなフロンティアへ

ワシントン大学以外の機会にも目を向けようかと思っていたところ、いくつかの大学や研究所からお誘いがかかることになった。家族のこと、子供の学校、シアトルの暮らしやすさなど、さまざまなことを考え躊躇していたが、その中でも、オファーの条件がよく、ずっと根気よく待ってくださったテキサス大学オースティン校へ移籍することを決心した。大きなレーザー顕微鏡など機材を含めた研究室の引越し、米国でも西海岸とはまったく異なる文化のテキサスでの生活。果たして、これまでのような成果を挙げることができるのか。不安は尽きない。「子曰はく、四十にして惑はず。五十にして天命を知る」と言うが、50歳を過ぎても迷ってばかりである。でも

図３　テキサス大学オースティン校で新たな門出。後列左から４番目が筆者。

失った分だけ、いやそれ以上に得るものもあったと思う。何よりも、科学者として、教科書を書き換えた自分の発見は色あせることはない。そういった道に進むことができた幸運と、パートナーと2人の娘、友人達、そして研究室のメンバーや共同研究者達に心から感謝したい。

■追記――怒号のコロナ禍の中で

この原稿を書いてから早くも5か月。全世界を襲ったコロナ禍でもアメリカは最悪をきわめ、今日現在で390万人の新型コロナ感染者と14万人を超える死者、1日当たりの感染者も7万人と爆発的に増加している。それにもかかわらず、テキサスを含め、科学を疎んじる現政権の息のかかる南部保守州では「コロナウイルスは知識層のつくったデマ」「マスクをつけると窒息する。絶対反対！」など騒ぐアメリカ人も多い。テキサス大で立ち上がったばかりの研究室は当面閉鎖せざるを得ず、研究室のメンバーも在宅勤務を余儀なくされた。国境閉鎖により米国外から戻ってこれなくなった研究員もいる。大学のリソースは新型コロナ研究に特化することになり、ウイルス学や免疫学の研究室が華々しい成果を出す中、私たち植物学者にできるのは、実験機器や医療機器をコロナ研究に提供し、足手まといにならぬよう自宅に引きこもること。それでも、研究室のメンバーたちと毎日のように論文のオンライン輪読会を行い、励まし合い乗り越えようとしている。科学技術と医療、そして事実（データ）をもとに論理的に難題を解決する。我々人類がこのパンデミックを克服できたなら、社会はそうなると強く信じている。

略歴

２０１１～19年　米国ワシントン大学生物学部卓越教授
２０１１年～現在　ハワードヒューズ医学研究所正研究員
２０１３年～現在　名古屋大学トランスフォーマティブ生命分子研究所海外主任研究者客員教授
２０１９年～現在　米国テキサス大学オースティン校分子生命科学部ジョンソン・エンド・ジョンソンセンテニアル冠教授

受賞歴

２００９年　日本学術振興会賞

2012年　米国科学振興協会フェロー選出
2014年　井上学術賞

論文

Competitive binding of antagonistic peptides fine-tunes stomatal patterning. Lee, J.S., Hnilova, M., Maes, M., Lin, Y.C.L., Putarjunan, A., Han, S.K., Avila, J. and Torii, K.U., *Nature* 2015, 522: 439–443

Termination of asymmetric cell division and differentiation of stomata. Pillitteri, L.J., Sloan, D.B., Bogenschutz, N.B. and Torii, K.U., *Nature* 2007, 445: 501–505

Stomatal patterning and differentiation by synergistic interactions of receptor kinases. Shpak, E.D., McAbee, J.M., Pillitteri, L.J. and Torii, K.U., *Science* 2005, 309: 290–293

学会・社会活動

2015年　北米シロイヌナズナ評議会　プレジデント
2015年〜　科学技術振興機構・さきがけ「植物フィールド制御」領域アドバイザー
2019年〜　科学技術振興機構「輝く女性研究者賞（ジュンアシダ賞）」選考委員長

古生物学者、猿橋賞をいただきました！

（第36回）佐藤《さとう》たまき

私は化石を研究する古生物学者で、「記載と系統・分類学を中心とする中生代爬《は》虫類の研究」という題目で第36回猿橋賞を頂戴した者である。このたび執筆の機会を頂戴したが、自叙伝めいた拙著『フタバスズキリュウ――もうひとつの物語』（ブックマン社）を２０１８年に出版してしまったため、重複した内容を含むことをお詫び申し上げる。

■化石の研究

まずは、受賞題目に含まれる言葉を使って私の研究テーマを紹介したい。研究対象の「中生代爬虫類」の代表選手は恐竜であるが、私自身がこれまでに一番よく扱う機会に恵まれたのは、首長竜と呼ばれる、ネス湖のネッシーのモデルにもなった海生爬虫類である。爬虫類は現在でもカ

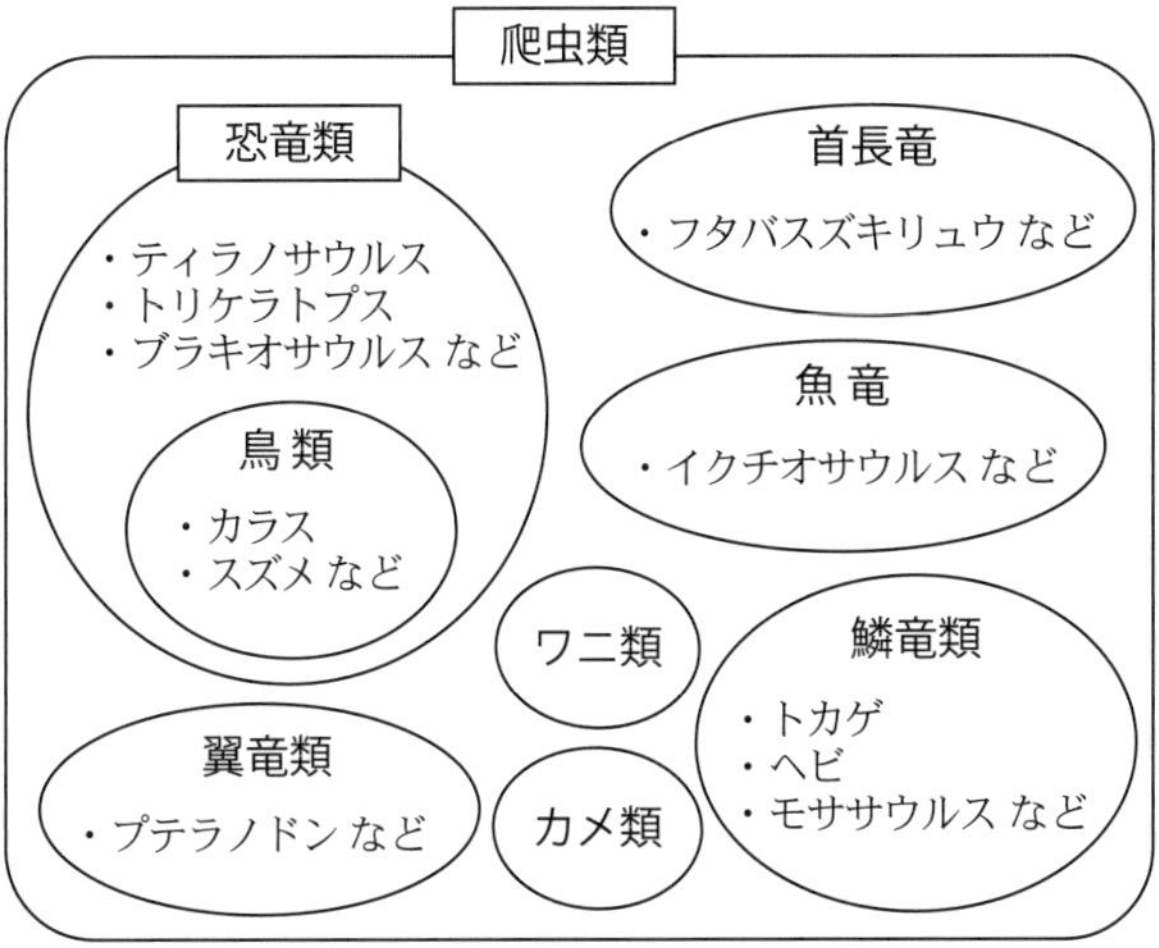

図１　恐竜とその他のさまざまな爬虫類。系統を分類に反映させようとする現在の考えでは、恐竜は多様な爬虫類の１グループであり、鳥類を含む。一方、首長竜や翼竜などは同じ中生代の大型爬虫類であっても恐竜には含まれない。

メ・トカゲ・ヘビ・ワニなどの多様な種類を含んでいるが、過去に遡れば現在とは比較にならないほどのいろいろな形や大きさを持つ種類がいた。恐竜は、この多様な爬虫類の中に含まれているグループの一つに過ぎないのである（図1）。同じ時代の海を泳いでいた首長竜や魚竜やモササウルス、空を飛んでいた翼竜などは、大昔の爬虫類であっても恐竜ではないのである。ちなみに翼竜は恐竜にわりと近縁なグループであるが、モササウルスはトカゲであり、首長竜と魚竜はそれぞれ独立したグループに属している。

「記載」とは、生物が持つ形態

の特徴をつぶさに調べて言葉や図で説明するという作業であり、その成果は「記載論文」と呼ばれる論文として出版される。英語ではdescription（名詞）やdescribe（動詞）という言葉が使われる。これらの言葉を英和辞書で引けば「記述する、図示する」などの訳が出てくるが、まさにその通りの作業である。爬虫類の化石を記載するということは、その化石を実際に見たことのない他の研究者に情報を伝えることを目的として、「説明する研究対象になった化石（主に骨）がどのような形をしていて、どういう根拠でどんな動物のどの部位の骨であるのかを同定する根拠を示す」、ということである。脊椎動物の骨格は、死体が他の大型動物に食い荒らされたり川や海に流されたりして、関節が外れてバラバラになってしまうことが多い。また、無事に化石になったとしても、地層に含まれている間に強い圧力がかかって変形したり、地上に露出しているうちに風化したりして壊されてしまう。そのため、大部分の脊椎動物化石は非常に断片的で不完全である。また、生物の形態は数値化したりＤＮＡのようにコード化したりすることが難しく、これまでにない形態が見つかることもよくあるし、成長段階や雌雄で形態が異なることもあるため、既存のデータベースに放り込んでマッチングを行えば自動的に答えが出てくるというものではない。現生の近縁な生物の構造や、世界のさまざまな地域から何十年も前に報告された化石の記載論文を参照しながら、あれに似ているがここが違う、この形の違いは何を示していてどうやって説明すれば他の研究者にわかってもらえるのか、と頭をひねるのが記載という仕事である。

「系統学」と「分類学」は現在の化石爬虫類の研究では不可分な領域であり、進化の道筋である系統に基づいて分類体系を構築する「分岐分類学」と呼ばれる分類方法が用いられている。たとえばある地層から首長竜の新種が見つかった場合、この種は別の地域の同じ年代の首長竜と、同じ地域で見つかる異なる年代の首長竜の、どちらに近いのか、というようなことを調べる。分類体系は絶対的なものが確立されているわけではなくて、過去の研究者が提案するものであるため、複数の分類体系があれば比較や精査が必要であるし、場合によっては新しい分類体系を提案することもある。系統学の視点では、ある特徴が進化の道筋で発生したのがただ一度なのか、それとも他の系統でも繰り返して起きている現象なのか、といった議論もできる。なお、系統はあくまで仮説であり、新しい発見や技術の向上によって既存の仮説が検証されて更新されていく。これは何も分類学や系統学に限った話ではないが、昔なじみの仮説や10年前の常識がいつの間にやら過去のものになっている、ということは珍しくない。そのため安定を求める気持ちで向き合うと厳しいが、新しい展開に度肝を抜かれたりワクワクさせられたりする分野である。

恐竜は首長竜などの爬虫類を含む脊椎動物の化石を研究する分野を「古脊椎動物学」と呼び、過去から現在に至るすべての生命現象を研究の対象とする古生物学に含まれる。考古学とときどき間違えられるが、日本において考古学は歴史学の一部としてとらえられて文系の学部に置かれることが多いのに対し、古生物学は完全に理系の学問で、高校の理科の教科書で言えば地学と生物学の両方にまたがる。地面から出てきて地球史の証拠となる化石を扱うという観点で地質学の一分野としてとらえられることもあれば、長い時間軸で生命現象の変遷を追跡する研究であることから進化生物学に含まれることもある。そのため、古生物学の研究者の所属は実に多様である。大学の地質学教室や生物学教室はもちろん、医学や獣医学の解剖学教室で教員を務めていることもあるし、自然史系博物館の研究員や学芸員になっていることもある。また、「古脊椎動物学」という分野は研究対象を示す名称であるため、研究手法は特に限定しない。そのため、絶滅動物の運動機能を調べるためには生体力学や工学的な手法が用いられたり、体温や食性についての情報は同位体分析などの化学的手法が使われたりする。

化石の研究と言えば、大部分の方が真っ先に思いつくのが野外での発掘であろう。しかし、発掘が研究のすべてではない。発掘されただけでは何の化石かよくわからないことがほとんどであるため、発掘してからの先がとても長い。化石は取り囲んでいる地層の岩石（母岩）をつけた状態で掘り出し、母岩を取り出す作業のことをクリーニングと呼ぶが、大型脊椎動物の化石ではクリーニングに何年も要する。一方、微化石と呼ばれるプランクトンや花粉の化石は肉眼では見えないため、大量の堆積物を化学的に処理したり、顕微鏡の下で砂粒を手でより分けたりしながら探して電子顕微鏡で撮影する、という作業が必要になる。こうした作業を経てようやく化石の正確な形状がわかって、私のような記載屋が仕事をすることができるのである。記載の過程では、それまでに出版された膨大な量の関連論文を読み込み、現生や化石の近い生物の形態を観察して詳細に比較する。

見つかった化石の部位や分類学的な位置づけを決めることができたとしても、実はそれは学術情報としてはスタート地点に過ぎない。近縁な生物との系統関係、年代や化石化の過程、体の動かし方や食性、当時の古環境や古生態系、多様化と絶滅の過程などなど、化石から実にさまざまな情報が引き出されるのは、その上にさらに研究が積み重ねられてのことである。研究者は対象や目的によってコンピューターで計算したり、現生の生物を解剖したり、実験やシミュレーションを行ったり、CTや3Dスキャンを使ったり、追加標本を求めて博物館の所蔵標本を調査したり、野外に戻ってさらに発掘に励んだりする(図2)。

図2 野外調査の1ショット。指さしているのは、恐竜などの大量絶滅によって中生代が終わって新生代が始まる境界の地層（KPg 境界、かつては KT 境界と呼ばれた）。北海道浦幌町にて。

また、恐竜や化石は一般市民の関心も高いため、専門の知識をわかりやすく伝えるアウトリーチ活動も非常に重要である。アウトリーチの手段は博物館や特別展で見られる展示や解説であったり、テレビやラジオなどのメディアの番組であったり、子供や一般向けの書籍であったり、研究者の講演を聞いたり実物の化石に触れてみるイベントであったりと、これもまた多様である。こうした活動は既存の研究成果を紹介するだけで簡単で楽しそうにも思われがちであるが、進み続ける研究の最先端にアンテナを巡らし、対立する仮説があればその根拠を踏まえて選択し、難しい言葉や概念をわかりやすく説明する、ということは決して容易な仕事ではない。特に、いかにもそれらしく見えても古かったり誤っていたりする情報がネット上に溢れている現代においては、手にした情報が信頼できるのかどうかを確認することが重要になっているのである。

■猿橋賞受賞騒動記

化石動物の骨の形を見ながら頭をひねるという、対象も手法も古風で地味な研究にとりつかれた私が猿橋賞を受賞することができたのは、日本古生物学会から推薦をいただいてのことであった。しかし、まさか自分が受賞するとは夢にも考えていなかった私は、受賞の第一報をいただいたときにとんでもないことをやらかしてしまった。

その日の夕方、私は都心から勤務先に戻るために、すし詰めの中央線で吊革にぶら下がってぼんやり窓の外を見ていた。混んでいても明るい窓の外の風景が見えれば気分転換になるが、日が暮れると窓に映る自分の疲れた顔ばかりが見えるので、まったく気分が上がらない。そんなときに、私の携帯電話が振動し始めて、なかなか鳴りやまなかった。取り出してみると、見知らぬ番号からの電話であった。知らない番号からの着信はセールスが多かったので放置したが、鳴りやまないのでとりあえず出てみた。すると女性の声が出たが、車内放送と重なってよく聴き取れない上に、身動きもとれないほど混んだ車内ではこちらからいろいろ聞くこともできない。何かのセールスの電話だと思い込んでいた私は、用件を理解しないままに非常に不愛想な対応をして電話を切った。

それからしばらくして目的の駅について下車すると、電話がまた鳴った。見れば、今度は日本古生物学会でいつもお世話になっている事務局の原田さんからであった。正確な言葉は覚えていないが、以下のようなやりとりがあった。

「米沢富美子先生にお電話を差し上げてください。実は先ほど佐藤先生がお電話を受けられたはずなのですが、用件がよく伝わっていないようなのでこちらに確認のお電話がありました。」

そう、私が車内で思い切り不愛想に切った電話は、猿橋賞受賞をお伝えくださる米沢先生からの第一報だったのである！　著名な学者に非礼を働いたことを悟って狼狽した私ではあったが、この時点でもまだ猿橋賞の可能性には思い当たらなかった。

「さっき電車の中でいただいたお電話かしら。うわー、それはとんでもない失礼をしちゃったわ。でも、何のご用件かしら？　私、個人的には米沢先生と全然面識がないし、何のつながりもないと思うのだけれど…」

「それが、とても重要なことですので佐藤先生ご本人に直接お伝えしなければならないとおっしゃって、具体的にはお聞きしておりません。でも、私はとても大切なお話だと思います。本当に、とっても。」

後に知ったことであるが、原田さんは非常に頭の回転が速くて気の利く方だったので、米沢先生から具体的な内容をお聞きせずともちゃんと用件を察していたのである。しかし、ここまで言われても、鈍い私の思考回路ではまだ猿橋賞につながらなかった。

事務局からの電話を切った私は冷や汗をかきつつ、それでも「用件」がわからなくて首をかしげながら、おそるおそる米沢先生にかけ直した。そして、初めて自分が受賞したことを知ったのである。米沢先生は最初のお電話に対する私の対応をまったく気になさるそぶりも見せずに優しくご対応くださったが、私はまったく予想していなかった展開にうろたえた。喜びで頭が真っ白になりつつも、よりによってこんなに重要なお電話にとんだ非礼を働いたものと、驚くやら嬉しいやら恥ずかしいやらで、頭がごちゃごちゃになった。脳の回線がショートして、煙が出そうであった。

その後、4月中旬に報道が解禁されて記者会見を行い、5月下旬に授賞式が開催された。授賞式には歴代の受賞者を含む数多くの猿橋賞関係者に加え、所属先の東京学芸大学自然科学系の学系長や親しい同僚たち、それに日本古生物学会の会長や私の恩師の先生方もご参加くださった。授賞式の後の祝賀会では、第31回の受賞者にして同じ勤務先の溝口先生が司会を担当してくださり、暖かいお祝いや応援のお言葉を頂戴したり記念写真を撮ったりと、とても賑やかで楽しいひとときを過ごすことができた。古生物学はかなり特殊で研究者数が少ない分野であるためか、自分で招待した関係者以外で専門をお聞きできた方はすべて古生物学と離れた分野の方々であった。

研究に共通点が少ない方々とはお話が続かないのではないかと密かに懸念していたのであるが、それはまったくの杞憂であり、おしゃべりが盛り上がって飲食がそっちのけになるほどであった。原因の一つは、亡父に関わる方が何人も出席してくださったことにあった。

実は、授賞式が開催された日は偶然にも父の命日であった。核化学の研究者で大学教員であった父はその3年前に亡くなっていたが、授賞式や懇親会には、父の古くからの知己や、授業や実習で父に教わったという方が何人もいらっしゃって、お声掛けくださったのである。同席していた母も父の研究室で勤務していたことから、あれこれの懐かしい話が次から次へと出てきた。父は仕事仲間や教え子たちとワイワイやるのが大好きだったので、命日に多くの人と父の思い出話で盛り上がっている様子をあの世から見て、とても喜んでいたに違いないと思う。かくして、赤面ものの電話で始まった私の猿橋賞受賞体験は、家族も巻き込んでとても感慨深い懇親会をもって終了した。

猿橋賞を受賞したことで、私の世界は大きく広がった。昇進などの目に見えてわかる変化はないが、知名度が上がったせいか、これまで馴染んできた古生物学以外の研究分野の方や、研究者ではない方々からお声掛けいただくことが増えたのである。恐竜などの化石の研究はメディアなどを通じて一般にも馴染みを持たれていることから、他分野に比べると広い範囲からお声掛けいただく機会には恵まれていたと思うが、受賞後はその頻度や種類が格段に増えた。まだ「猿橋効果」は続いているので、これからもさらに世界が広がっていくことだろうと思うと、とても楽しみである。

■古生物学者になるまで

さて、私が古生物学者を目指すようになったきっかけは、自分で思い出せないほどの幼少期に遡る。家にあったさまざまな図鑑を見ているうちに、なぜか恐竜などの太古の生物に魅せられてしまい、幼稚園のときには将来恐竜学者になると決めていた。博物館や恐竜展で飽くことなく巨大な骨格を見つめ、家ではお気に入りの恐竜図鑑やフィギュアに夢中になっているちびっこがたくさんいるが、あれが私の幼い頃の姿である。小学校高学年くらいからは真面目に受験勉強に取り組んで、友達とのおしゃべりや部活も存分に楽しんで過ごしたが、進路選択となると将来の夢は変わらないままであった。

古生物を勉強できる数少ない大学に運よく滑り込むと、古生物学の勉強を満喫した。関連する授業・実習やゼミもあったが、1年生のときからインフォーマルな勉強会である「生きている化石研究会」と「骨ゼミ」に所属して学内外の人々と交流し、野外調査や化石発掘に参加したり、骨格をスケッチしたり、専門用語だらけの英語の教科書を読んだりして、夢中で勉強したものである。首長竜が研究テーマになったのは、学部の卒業研究であった。このときは自分で首長竜を名指しで選んだわけではなく、たまたま研究できる大型爬虫類化石の標本として東大に北海道産の首長竜化石があったのである。しかし、取り掛かってみると首長竜はとても面白い研究対象で、

図３　国立科学博物館新宿分館（後に筑波に移転）の入口にあった、フタバスズキリュウの全身骨格のレリーフ。2006 年にフタバスズキリュウの記載論文を出版したとき、私は新宿分館で日本学術振興会 PD（博士研究員）として勤務していた。

私はすっかりはまってしまった。

恩師にも友人にも恵まれて非常に充実した大学生活であったが、困ったことに当時の日本では恐竜などの化石爬虫類の研究者は非常に少なく、この分野の研究で学位を取ることは難しかった。そのため、修士課程はアメリカに、博士課程はカナダに留学して勉強を続けて、何とか首長竜の研究で博士号を取得することができた。学位を取ってもなかなか常勤職には付けず、期限付き雇用である博士研究員としてカナダと日本を行ったり来たりして何年か過ごしたが、上野の国立科学博物館に展示されている首長竜フタバスズキリュウなどを研究する機会にも恵まれた（図３）。留学当初はホームシックに苦しめられたが、その後はどこに引っ越しても住めば都で楽しかったので、自分の適応能力の高さには今でも感心する。就職難に苦しみながら何とか食いつないでいるうちに、やがて現在の勤務先である東京学芸大学教育学部に常勤の大学教員として就職することができた。ちょうど同じときにカナダの博物館からも魅力的な研究職のオファーがあったので相当悩んだが、考えに考え抜いた末に両親のいる東京に戻った。

大学からポスドクまで理学部・理学系大学院と博物館で過ごした私には、教育学部という職場はまったく新しい環境であった。最初はどうなることかと心配したが、あれこれ文句を言いながらも適応したようで、気が付けば勤続10年以上になった。大学教員になって学んだことは、研究以外の業務が講義や実習以外にもとても多いことであり、締め切りやしがらみが少ない研究というものがどうしても後回しになるという厳しい現実である。それから、学会や学術誌といった研究者が活動する場で運営者側に回ることも増え、監修や審査や講演などのさまざまな仕事を委嘱されるようになった。名誉であると同時に責任も重いこうした役割の中には、引き受けるまで存在することすら知らなかったものが大部分である。恐竜学者に憧れた幼い子供の頃から研究者になるまでの間の自分の成長や、現在行っているさまざまな研究教育活動が、名も知らぬ多くの人達に支えられてきたことをいまさらながら学んでいる。

また、大学や学会で学生や若手研究者と一緒に過ごすことは、予想以上に面白いことであった。もちろん、自分が彼らと同年代だったときとは学習・研究環境がすっかり変わってしまったために、ジェネレーションギャップに頭を抱えることもしばしばある。しかし思いがけないことで笑わせてくれるし、新しいことを教えてくれることもあれば、こちらの自慢話やお説教を辛抱強く聞いてくれたりする。知識の量では負けたくないと思ってはいるものの、彼らは体力があって疲れてもすぐに回復するし、やりたいことを実行に移す行動力や、怖いもの知らずの野心や、素直に感動する柔軟さなども持っている。研究でもそれ以外でも、若者が興味を持ったものに全力で取り組む過程で育っていく姿は、見ているだけで気持ちがいい。こうした若者たちにはまったく勝てる気がしないので、白旗を挙げて羨ましがるしかない。長所を生かして短所を補いながら七転び八起きで、研究成果でも職業でも経済力でも人間関係でも、望むものを手に入れて大切なものを守る力をつけてほしいと思う。好きなことができるというのは、本当に幸せなことなのだから。

略歴

2002年　カルガリー大学（カナダ）大学院博士課程卒業

2003年　博士号授与（Ph.D.）。王立ティレル古生物学博物館博士研究員

2003〜04年　北海道大学COE「自然史科学創成」COE研究員

2004〜06年　日本学術振興会海外特別研究員（カナダ自然博物館勤務）

2006〜07年　日本学術振興会特別研究員PD（国立科学博物館勤務）

２００７年〜現在　東京学芸大学助教に着任、２００８年より准教授

受賞歴

２００７年　平成19年度科学技術分野の文部科学大臣表彰（長谷川善和と連名）

２０１０年　日本古生物学会論文賞

２０１１年　日本古生物学会学術賞

著書・論文

A new elasmosaurid plesiosaur from the Upper Cretaceous of Fukushima, Japan. Sato, T., Hasegawa, Y. and Manabe, M., *Palaeontology* 2006, 49: 467–485

A review of the Upper Cretaceous marine reptiles from Japan. Sato, T., Konishi, T., Hirayama, R. and Caldwell, M. W., *Cretaceous Research* 2012, 37: 319–340

『フタバスズキリュウ――もうひとつの物語』、佐藤たまき著、ブックマン社、２０１８

学会・社会活動

日本古生物学会評議員および常務委員

ＮＨＫテレビ番組「視点・論点」『フタバスズキリュウに魅せられて』（ＮＨＫ総合２０１８年11月

21日放送）出演
学校生徒や市民向けの講演等多数

見えないものに気づきたい

（第37回）石原《いしはら》安野《あや》

■物理との出会い

世界には本当にいろいろな国や土地がある。そんな広い世界にある島の一つくらいは、知的好奇心がある何ものにも、どのような形でも知られることなく、ただ存在しているというものもあるのではないか。中高生の頃、私の心に隠れていたのは、そんなどこかにあるかも知れない無人島のような存在です。そんな誰にもその存在を知られていない無人島というのは、あるというべきなのか、ないというべきなのか。私にはものすごい創造性があるわけではないかもしれないけど、あるのかないのかもわからないような存在を、もし私が初めて見つけることができたらそれは無から有を生み出すことになる。それってすごいことじゃない？などと考えてわくわくしていました。きっと世界には私に見つけられるのを待っている存在がある。今はまだ出会っていなくて私の中では無であるものに気づきたい、そんな気持ちをその頃から、そして今も持ち続けています。

同じ頃、物理学の授業や本で「物理法則」という存在に出会いました。物理の法則というのは、あるところに存在しているものと、別のところにある全然違っているものを結びつける関係性のようなものです。物理法則は目に見えない、でもたしかに存在している。そのことを実感できたときから、世界が違って見えるようになりました。その物理法則という関係性は、目に見える特徴によって博物学的に分類するようなものではなくて「物が机から落ちる」ということと「惑星の動き」のような一見かけ離れたように見えることを結びつけるものです。気が付かなかったらそんな法則があるなんて思えないのに、あるとわかったときにはまったく異なるように見える物事のことまでを教えてくれる。物理の法則というのは私の中に存在していて見つけられるのを待っている無人島のようなものなんだなぁと思ったのです。

未知の島を探すような冒険が頭の中でできるのです。それも、空想というわけではなく、現実の世界で。これが私の求めていたものだと思い、大学で学ぶ物理にのめりこみました。教科書での勉強は、先人の冒険の後をたどる道のりです。「こんなことを考えた人がいるのか、こんなことも見つけたのか」と感心しながらも、どこまで行っても知らない土地が続いているような気がしていました。大学での勉強のおかげで「私にはまだまだ知らないことがたくさんあるな、世界は広いんだ」ということがよくわかりました。

■高エネルギー実験の世界へ

大学院修士課程からアメリカのテキサス大学オースティン校に進学しました。これは、テキサス大学の教授で大学院生に向けたアドバイザーをされていた宇田川猛先生からの紹介でした。大学院生というのは世界のどこにいても孤独なものです。さらに、それまで過ごしてきた環境と大きく違う海外で大学院生でいるということに、不安な気持ちにもなりました。不安でいるのはつらいことです。反面、不安な気持ちでいるときには、安心した状態でいると出てこない思ってもいなかったような力が湧いてきます。ときどき、言葉も通じない不便なところに1人で行きたくなるのは、そんなパワーが欲しいときなのだと思います。不安を感じながら進んで行って、あるとき見通しのきく開けたところに出たときの解放感や達成感には中毒性があるようで、今でも研究には不安な気持ちで挑みたくなります。不安の中、集中して勉強することができた海外留学は、私に合っていました。

アメリカに渡り1年目を終えた1999年の夏、テキサスから2900㎞離れたニューヨーク州のブルックヘブン国立研究所で行われていたSTAR実験に約2か月半参加しました。STAR実験は、金の原子核を高エネルギーで衝突させてこれまでにないような高温、高エネルギー密度の物質を作る、という世界最先端の国際共同実験でした。また、共同研究者の数が500人を超えるような非常に大きな実験でしたので、実験の全体像、検出器の全体像を把握するのも大変でした。幸運だったのは、実験の準備期間から参加できたことです。約10年間の準備期間を経て2000年からの本格運用に向けての実験準備も大詰めのSTAR実験では、コミッショニングと呼ばれるSTAR検出器の試験運転を行っており、私もSTAR検出器のコントロールルームに通い、その性能評価を行うことになりました。右も左もわからない、しかも英語も下手な修士課程1年生の私からミスター検出器と呼ばれ皆に尊敬されるレジェンド研究者まで、国も年齢も経験も違う人たちがそれぞれの持ち場でそれぞれにベストを尽くすことで、「今までにないもの、これまでで最高の大きなものを作り上げるんだ」という現場の雰囲気をじかに感じることができたのです。また、大きな実験を進めるには、たくさんの会議が必要です。普段は穏やかに情報交換を行っているのですが、いったん議論になると激しくやりあいます。海外やアメリカでも遠方の研究者は電話やビデオ会議システムでしか参加できないので、現地での会議はその場の空気を直接感じられる貴重な体験でした。「初めは話している内容がわからなくてもいいし、自分のテーマにとらわれなくてもいいので、とにかく議論を広く聞いて自分がどういうことに興味があるか考えてみるといいよ」という指導教官のアドバイスもあり、背景となる知識が足りない状態ではありましたが検出器からデータ解析まで、いろいろな議論の場に参加しました。そういった場には、聞くと非常に丁寧に教えてくれる人たちがいて、夏が終わる頃には、この実験で博士号をとるまで頑張ろうという気持ちが固まっていました。その後は、一度テキサス大学に戻り講義の単位をすべて取得し、アメリカの大学院で博士課程に進むために必要となっているクオリファイ試験を受け、翌2000年の夏から3年近くを研究所で過ごしました。ブルックヘブン研究所は、学生がマジョリティを占める大学とは違う、プロの研究者の世界です。指導教官はテキサスにいましたし、研究所に学生1人というのは生活という面では大変なこともありました。2001年には、同じニューヨーク州内で9・11の同時多発テロも起こり、アメリカや世界はこの先どうなってしまうのだろうと立ち尽くすような気持ちにもなりました。そんな状況でも、生活の中心にあったのは物理の研究でした。大きな国際実験の一員として共同研究者とともに、「誰も見たことがないものを見るための最先端の実験に寄与している」という充実感は卒業後も、研究者としてもっと研究をしたいという気持ちを育ててくれました。高性能検出器を仲間と協力して作り上げ新たな物理現象を観測するということに大きな喜びを感じるようになっていました。

■ニュートリノで宇宙を見よう

アメリカでは大学院卒業後、博士研究とは違う実験に参加して、実験屋さんとして、物理学者として、より多くの経験を積むことが推奨されています。現実問題として考えなくてはならないこともありました。しかし私は、物理学者としての第一歩を踏み出すにあたって、まずは自分の内にある二つの素直な気持ちを大切にしようと考えました。一つは「宇宙の高エネルギー現象を追及して、宇宙のどこかにあるまだ誰も見たことのない現象を解明したい」という気持ち。もう一つは、子供の頃からものを作ることが好きだった私の中にある「実験装置が作りたい」という気持ちです。実験を行うにあたって実験装置の開発をするというのは当たり前のように思えるかもしれませんが、実はそうでもありません。装置の開発は長い準備期間のうち、予算がついて完成するまでの期間に集中するので、タイミングが重要になります。また、数百人規模の実験では、検出器開発に直接携わるのは一部の研究者です。

そんな中、出会ったのがアイスキューブ（IceCube）計画です。現在、南極点で稼働中のアイスキューブニュートリノ望遠鏡は1㎦の氷河を用いて宇宙ニュートリノを観測する巨大な装置です。ニュートリノという素粒子については、私の大学院時代に多くの発見が報告されました。私が大学院に入った1998年に、スーパーカミオカンデ実験が有名な「大気ニュートリノ振動の発見」を発表し、そこからニュートリノ研究は急速に発展していました。アイスキューブ実験は、宇宙の情報を伝えるメッセンジャーとしてニュートリノを観測し、非常に高いエネルギーを放出するような宇宙の現象を解明することを目的とする実験です。しかも、実験は始まったばかりで、検出器の改良や較正の機会もたくさんありました。

博士号を取得した半年後の2005年の1月からウィスコンシン大学で、アイスキューブ検出器を使った宇宙の研究を開始しました。アイスキューブ実験は2004年末からその建設が始まっており、研究を始めたときには検出器の約1％に相当する部分が初めて南極点の氷河中に埋設されたというニュースで研究室は沸いていました。検出器の建設と一言で言っても、アイスキュ

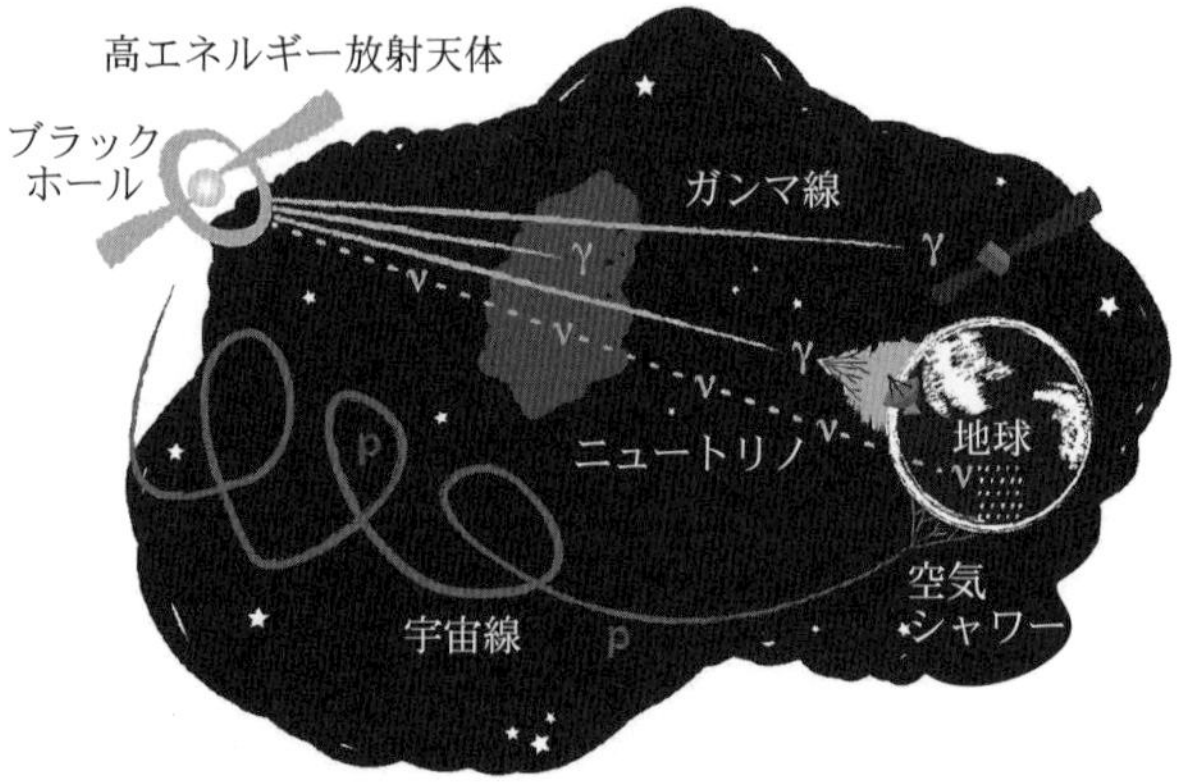

図1　宇宙の中で、特に高いエネルギーを放出する天体や現象の理解を深めるためには、光を観測するだけではなく、ニュートリノや宇宙線、さらに重力波などを統合的に解析することが重要です。高エネルギーの光であるガンマ線は、伝播の途中で吸収されてしまうことがあります。電荷を持つ粒子である宇宙線は磁場によってその軌跡が曲げられてしまいます。あまり相互作用をしないため、遠方までまっすぐ飛んでくるニュートリノはその性質から、宇宙の高エネルギー情報をよりダイレクトに伝える貴重なメッセンジャーです。しかしその観測は難しく巨大な検出器が必要となります。(IceCube Collaborationの図をもとに作成。©IceCube Collaboration)

ーブの場合、南極点の氷河に光検出器を埋設することを意味します。それは、巨大氷河に深さ2・5km、直径50cmの穴を掘り、そこに検出器を埋設していくという大工事です。南極点では輸送機の飛行可能時期が11月から2月までとなっているので、建設期間もその時期に限られます。その約4か月の間に建設に使用する機械の準備、実際の建設工事、そして資材を翌年にまた使用できるように、しかもマイナス60℃にまで下がる屋外で保存できるように梱包するというところまでを終わらせなくてはいけません。

この2004～05年の建設シーズンでは当初予定していた4本の穴を掘るという目標は達成できず、たった一つの穴への検出器の埋設しかできませんでした。南極点という過酷な地で初めて深さ2500mという穴を掘り検出器が無事埋設されたというのは大きな成果です。しかし同時にこの後7年をかけて80本の穴を掘り5000個の検出器を埋設していくという大きなプロジェクトを計画通り進めることができるのだろうかという不安も当時はかかえていました。その思いはそれまでに多くを準備研究に費やしてきた人ほど大きかったと思います。私自身は新しい研究に飛び込んで、実験が始まる直前のやらなくてはいけないことが山積みの状態で、とにかく前に進むしかないという思いでした。検出器の建設は7年後の2011年の1月に、計画よりも早いペースで無事終了しました。私も南極点に赴き建設を行ってきました。

図2　2009年、南極点アムンゼンスコット基地に到着。

■宇宙ニュートリノの発見

アイスキューブ検出器の完成までの間、検出器の較正を行ったりシミュレーションプログラムを書いたりしながら私は実験データの解析を進めていました。アイスキューブは建設が終了した部分から随時稼働させていったので、アイスキューブ検出器がまだ1割程度しか完成していないときのデータ、4分の1完成したときのデータ、半分完成したときのデータ、そしてすべて完成したときのデータ等、それぞれ約1年分ずつのデータが毎年取得されていました。アイスキューブは世界で初めての1㎦規模の宇宙ニュートリノ検出器なので、部分的完成であってもその大きさはすでに世界最大、そのデータも貴重なものです。ただし、それぞれ検出器のレイアウトが大きく違うので、データの解析を行うときには、検出器の状態によって別の検出器からのデータのようにその取り扱いを変えていく必要がありました。それぞれのデータに新しい発見が隠されている可能性がありますので、私は、この部分的に取得されたデータを最大限に解析したいと考えていました。

各データに対してコンピューターでその検出器の振る舞いを計算し直し、実際のデータと比較して違いがみつかれば直し、解析プログラムを書くということが必要です。それぞれのデータの解析に約1年の準備期間が必要でした。また、データを取得したての解析開始時には世界最大の検出器からのデータなのですが、検出器が毎年大きくなっているということは、その翌年のデータが取得されると、そのデータは新しい検出器の半分の大きさの検出器から取得されたものとなることを意味します。つまり、苦労して解析をしても、タイミングを逃すと解析結果は学問的な価値の低いものになるという可能性がありました。毎年迫る期限があり、しかし、データに隠れている宇宙の秘密は絶対に見逃したくないという想いで、解析を行っている間は常に締め切りがせまっている状態です。毎年新しい解析を試みて、4度目の挑戦で、2012年、完成したアイスキューブから取得されたデータの解析を行いました。その中に、待望の高エネルギーの宇宙ニュートリノの信号を見つけたのです。その年の解析は私が一番乗りでした。その時点では、私だけが宇宙からの高エネルギーニュートリノという形で飛んできたメッセージを受け取ることができたのです。「これは、私だけが知っている宇宙だ」と感激しました。この世界初となる宇宙ニュートリノの観測を皮切りに多くの発見を行ってきたアイスキューブ実験は、その観測手法を改善することで、2020年現在では99・8%を超える高稼働率で定常的に宇宙からくるニュートリノの到来方向やエネルギーをモニターし、その情報を世界中の望遠鏡と共有しています。マルチメッセンジャーともいわれる、光以外の手段による天文学、ニュートリノ天文学を切り開いているのです。

■物理学者として、これまでとこれから

2005年にウィスコンシン大学マディソン校の研究員としてアイスキューブ実験に初めて参加し、出産、子育てを経験し、宇宙ニュートリノの発見のあった2012年には、学術振興会のRPD特別研究員として千葉大学で研究を続けていました。そこに至るまで、ある意味しつこく自分の信じるデータ解析を続けることができたのは、RPD特別研究員としてある程度の自立し

た研究環境があり、自分のペースで研究を続けられていたということも重要であったと思います。高エネルギー宇宙ニュートリノの初観測という研究成果に対して、翌2013年には国際純粋物理・応用物理連合若手科学者賞、2014年に第5回戸塚洋二賞を受賞しました。しかし、RPD特別研究員の任期が終了し、業績に対する評価を受けるようになっても、なかなか職は見つからずその後3年間は期間や研究テーマの決まっている研究員という立場で研究を続けていました。それまでは、今はまだ物理の業績が十分ではないけど、良い業績を上げれば任期がない研究者になれるかも知れないという希望を持って研究を進めていたのですが、その時期は、それでもやはり研究者を続けていくのは難しいのかもしれないという壁にぶつかった時期でもありました。博士号取得から10年が経ち、新しい発見をして、研究者としてさらにやりたい研究テーマが増えていく自分がいて、しかしそれでもその先の研究人生が見えてこないということは、大変つらく感じました。当時、何が足りなかったのか、自身を振り返って、若手へのアドバイスに変えられるといいのですが、ああしておけばよかったというような結論にはいまだにたどり着いていません。しかしこの経験により、若手研究者が、研究や人生において長期展望の持てるように仕組みをつくるために努力しようという気持ちは強くなりました。私が任期のない職に就くことができたのは博士号取得から12年経ってからでした。その翌年2017年に猿橋賞をいただきました。この猿橋賞の受賞を機に、さらにそれまでにしたことのなかった経験をさせていただく機会が増えていっています。

私は実験が好きで、だれも見たことのない現象を、たまたま私の目の前に一瞬披露してくれた宇宙と、その観測を可能にした検出器との出会いに感謝しています。巨大ニュートリノ望遠鏡計画が始まったのは1980年代です。その無謀ともいえるような計画を実現するために多くの研究者が努力を続けてきて、2011年、ついにそれを完成させました。私の業績は当然これらの研究者が作ってきた土台の上に乗っているのです。次世代の若手研究者が思いもよらないような発見をすることを可能にするような次世代検出器を作り上げ次の土台になって、この研究の面白さを引き継いでいくことは、次の目標の一つです。

子供のころから集中して何かを考えたり作ったりすることが好きで、自分には、研究するということが合っているのではないかなと、漠然と考えていたのですが、飽きっぽい私が物理の研究に対しては決して飽きることがないというのは、子供の頃には思ってもいなかったことでした。しかし、研究者は、それまでに誰にもやったことのないことをやって、見たことのないことを見つけることが仕事ですから、同じことの繰り返しが苦手な人に合っているというのは当然のことかもしれません。研究者になって継続的に結果を出しながら研究を続けていくことは大変ではありますが、恐れるべきことではありません。不安でいる時間は、自分の力を自分の想像以上にもっと発揮できるようにするために大切な時間だと思って、あえて不安の中に飛び込むような生き方を楽しむのはどうでしょう。私自身も、これからも不安の中に飛び込むことを怖がらずに、次の目標に進んでいこうと思っています。

略歴

２００４年　テキサス大学オースティン校（The University of Texas at Austin, USA）大学院自然科学研究科物理学専攻博士課程修了

２００５年　ウィスコンシン大学（The University of Wisconsin at Madison）文理学部物理学科博士研究員

２０１０年　日本学術振興会　ＲＰＤ特別研究員（千葉大学大学院理学研究科）

２０１３年　千葉大学大学院理学研究科　特任助教

２０１４年　千葉大学大学院理学研究科特任准教授

２０１６年　千葉大学グローバルプロミネント研究基幹・大学院理学研究院准教授

２０１９年〜現在　千葉大学グローバルプロミネント研究基幹・大学院理学研究院教授

受賞歴

２０１３年　国際純粋物理・応用物理連合（IUPAP, C4）若手科学者賞

２０１４年　第５回戸塚洋二賞

２０１９年　第65回仁科記念賞

論文

Minijet deformation and charge-independent angular correlations on momentum subspace（η, ϕ）in Au-Au collisions at $\sqrt{s_{NN}}$ = 130 GeV. STAR Collaboration, *Physical Review C* 2006, 73, 064907

First Observation of PeV-Energy Neutrinos with IceCube. IceCube Collaboration, *Physical Review Letters* 2013, 111, 021103

Differential limit on the extremely-high-energy cosmic neutrino flux in the presence of astrophysical background from nine years of IceCube data. IceCube Collaboration, *Physical Review D* 2018, 98, 062003

地殻の絶対応力場の推定を目指して

（第38回）寺川寿子《てらかわとしこ》

私が生まれた1960年代後半は、プレートテクトニクス[*1]が確立し、それが地球科学の新しい規範として社会に受け入れられ始めた時代であった。プレートテクトニクスの登場により、地震はプレート運動によって地下に蓄えられたエネルギーを断層運動により解放する必然的な物理過程であることが明確になった。このエネルギーは、応力とよばれる力の状態を表す物理量を用いて記述される。地震の発生を理解するためには、地下の応力状態を推定することが本質的に重要である。

しかし、応力という物理量は直接測ることが難しい。地震発生の原因が明らかになってから50年以上経過した現在でもなお、地下にどれくらいの応力が蓄積されているか、また、応力レベルがどれくらいに達したら地震が発生するのか、これらのごく単純な事柄がわかっていない。大地震が引き起こした応力場の変化は、地震波や地殻変動データの解析を通じて比較的容易に推定することができる。一方、地震発生前の応力状態をいかにして推定するかは地震学の本質的な課題である。この問題は、世界的に有名な米国・カリフォルニア州を縦断するサンアンドレアス断層の強度をめぐる学際的な論争「地殻応力―熱流量パラドックス」としても広く知られている。

私が地震の研究に挑んでみようと思ったのは、偶然だったのか必然だったのか、今でもよくわからない。しかし、地殻の応力状態を推定するという難問との出会いが、私を地震の研究に強く惹きつけ、駆り立ててきたことは確かである。

■折り紙とリカちゃん人形から数学へ

私は、会社員の父と専業主婦の母、三つ年下の弟という一般的な家庭に育った。父の転勤のため、中学入学までに4回の引っ越しを経験し、折り紙とリカちゃん人形が大好きだった少女時代に彩りが添えられたように思う。小学校の前半3年間は神奈川県で潮風を感じながら、後半の3年間は山梨県で雄大な富士山に見守られながら過ごした。多感な頃に居住環境が海から山へと大

*1　地球表層部で起こる地震・火山活動、造山運動などの原因やメカニズムを、地表を覆うプレートの水平運動を軸に説明しようとする考え方のことで、現在の固体地球科学の研究の大前提となる基本原理である。より狭い意味では、プレート運動そのもののことを指す場合もある。

きく変化し、学校が終わったら何をして遊ぶか考えるのが楽しみであった。自然な成り行きで塾や受験とは無縁であったが、勉強は好きで、買ってもらった問題集等の教材を独力で最後までやり通す習慣がついたのはこの頃だったと思う。

中学入学とともに東京都に移り、周囲の友達からの影響を受け、2年生の夏休みから卒業まで多摩地域の進学塾に通った。そこで難しい受験勉強の訓練を受ける中、数学が得意であることにはじめて気が付いた。高校は都立八王子東高校に進学し、熱心で温かい先生方や素朴で一生懸命な友人にも恵まれた。私の高校は都心の予備校に通うには不便な立地にあったため、先生方のサポートの下、自分で勉強することが推奨されており、私を含めた多くの生徒が自分なりに勉強して受験に臨んだ。今、振り返って考えてみると、「もっと物事の根本の部分を考えて勉強すればよかったな(そうしたらもっとマシだった?)」と思うことは多々あるが、大学入学前に、解法のテクニックを習うのではなく、自ら考えることの大切さを学んだことはよかったと思っている。高校3年間でますます数学が好きになり、大学への進路にはさほど迷うことはなく、数学の研究をしたいと思うようになっていった。この頃、物理は苦手で、理科の中では地学分野に興味はあったものの、将来、地震学を志すことになるとは夢にも思っていなかった。

■大学での純粋数学から企業での応用数学へ

入学した早稲田大学教育学部理学科数学専修では、紙と鉛筆を唯一の道具とし、解析学・代数学・幾何学を中心とした講義を受ける中、とくに代数学に興味を持った。学部の3年生からは代数学を専門とした研究活動を始め、早稲田大学大学院理工学研究科に進学して修士号を取得した。卒業後は、旧富士銀行の研究機関であった富士総合研究所（現・みずほ情報総研）に入社した。当時、富士総合研究所には理工学分野の数値シミュレーションを行う部門があり、理系の人材が活躍できそうな環境が魅力的に思えた。

私の所属していた部署では、有限要素法という数値計算法を用いて運動方程式を解くことで、構造物等の応力状態に基づいてその強度や破壊を評価することがおもな仕事であった。最初はまったくなじみのない世界に迷い込んだ気がしたが、そのうち、一連の数値計算を支える理論のいたるところに数学が使われていることに気づいた。とくに驚いたのは、剛性行列（ばね問題のばね定数に相当するもの）の計算に高度な数学的概念が応用されていることだった。学生時代、数学の面白さを充分に味わうところまでは到達できなかったが、数学が実世界で重要な役割を果たしていることを実感し、入社から3、4年目には仕事が面白くなり、これまでの経験を有意義に活かしながら生きていく覚悟ができた。また、私が入社した1990年代は、北海道南西沖地震や兵庫県南部地震という大きな被害を引き起こした地震が立て続けに発生した時代だった。そんな中、地震による地殻変動解析の仕事を担当することになり、これが地震学を志すきっかけとなった。

■数学者と結婚して

社会人としての自分の立ち位置に自信が持てるようになった頃、数学者と結婚した。夫は同じ大学の隣の研究室の先輩だったはずなのに、長い間、互いに存在を意識することがなかったのは不思議であるが、それが縁というものなのかもしれない。私が大胆にも8年間勤めた会社を辞めて、地震学に挑戦することができたのは、この夫の存在が大きい。まず、学問に対して理解がある。それは研究者なので当然としても、一緒に暮らす中、高い専門性を拠り所とした研究者の生き方に触れる機会が多くある。夫の場合、簡単に言うと、始終数学のことを考えているし、なんでも数学につながる。それが面白く、また刺激になった。企業で地震の仕事を進めるうち、次第に、自分でテーマを見つけて地震の研究をしたいと思うようになっていった。

こうして、32歳にして東京大学の門をたたいた。一般的なコースを辿った人に比べて十年遅れでのスタートとなったが、それが私のベストタイミングだったと思う。夫だけでなく、他の家族や親戚も皆喜んでくれ（失敗するかもしれないのに…）、私の将来を心配する人は誰もいなかった。その環境に感謝するとともに、一方で、私は絶対に後悔しないよう地震の研究に取り組もうという意志を強く固めていた。

■恩師との出会いから地震の研究者へ

地震学は地震の発生メカニズムや地震に伴う諸現象の理解を目指した学問であり、理学の研究分野の一つである。仕事を通じて地震に興味を持ち、地震関係の本を探して読んでみると、それまで漠然ととらえられていた地震という破壊現象は、断層運動により地下の応力を一気に解放する物理過程であることがわかった。そして、地震のメカニズム解[*2]と呼ばれる断層運動様式（正断層型、横ずれ断層型、逆断層型の三つのタイプに大別される）は無秩序ではなく、地球内部の応力状態に支配されることがわかった。「どこにどんなタイプの地震が起こるのだろうか？」「地下にはどんな応力場が形成されているのだろうか？」という疑問が湧き、応力という物理量に着目して研究したいと考えるようになった。

東京大学での松浦充宏先生（現在、東京大学名誉教授）との出会いは、私の人生を大きく変えた。短期間で効率よく成果を求めがちな昨今、流行を追うのではなく、物事の根本に戻って深いところまで考えることの大切さと、それが新しいものの見方につながることや問題解決の本質的

＊2　地震時の断層運動様式のことで、断層面の走向と傾斜角、断層面上のすべりの方向で特徴づけられる。地震のメカニズム解は、断層を挟んだ二つのブロックの相対運動に基づいて、正断層、横ずれ断層、逆断層の三つのタイプに大別される。断層を挟んだ上盤側が下盤に対してずり落ちるタイプを正断層、のし上がるタイプを逆断層とよぶ。断層を挟んだ二つのブロックが水平にすれ違うタイプを横ずれ断層とよぶ。一般に、地震のメカニズム解はこれらのタイプの重ね合わせであり、純粋な正断層、逆断層、横ずれ断層に加えて、正断層と横ずれ断層、逆断層と横ずれ断層の混合タイプがある。

な近道になることを教えていただいたと思っている。松浦先生のご指導により、私の研究生活は予想をはるかに超えるレベルで充実したものに導かれていった。私は初め、一つの大地震が周辺域の断層に与える応力変化の影響（これは大地震後の余震の発生の理解につながる）を調べたいと考えていたが、松浦先生は「それなら〝絶対応力〟を知らないといけない」と即答された。正直、当初はピンとこず、このアドバイスはしばらく宙に浮いていた。

応力は、3次元媒質内に働く力の状態を示す物理量で、六つの独立な成分で表現される。力には大きさと向きがあり、絶対応力とは、文字通り大きさまで含めた応力状態を意味する。地震学で、応力にわざわざ〝絶対〟という言葉を付けるのは、おそらく、観測データから推定できる「地震による応力変化分」や「応力のパターン（力の向きに対応するもの）」との違いを強調するためである。私が企業で有限要素法により計算していた構造物の応力は、構造物に外側から与えられた外力によって形成されるものであり、外力や設置の条件を設定すれば計算可能な量である。一方、地震の原因となる応力は、地球内部運動に起源をもつ内力によってプレート内（地殻やマントル浅部）に蓄積されるものであり、おいそれとは計算できない。地球内部に働く応力状態はよくわかっておらず、とくに力の大きさを推定することが難しい。

地震という破壊現象は、地球内部の物質循環システムの一端を担っており、当然、地下の絶対応力に支配されて発生する。当初考えていたような、断層間相互作用を理解するためには、地震による応力変化だけでなく、地震の前にどのような応力状態であったかを知ることが必要不可欠である。大学院入学後の勉強を通じて、これらのことが理解できるようになると、以前に松浦先生からいただいたアドバイスが意味を持った。私の中で、地震学にとって本質的に重要な地殻の絶対応力場を推定したいという目標が明確になった瞬間である。

博士論文では、太平洋プレートと北米プレートの境界をなすサンアンドレアス断層での応力蓄積モデルを構築し、モデルに基づく断層周辺域の絶対応力場の数値計算と南カリフォルニアの地震データによる応力逆解析[*3]を組み合わせて、サンアンドレアス断層の摩擦強度を推定する研究を行った。これらの成果は苦労の末に2本の論文として国際学術誌に掲載された。これは、この研究が第三者の専門家らによる審査（査読と呼ぶ）を経て、その価値を認められたことを意味する。

とくに、1本目の論文が認められるまでは大変だった。この論文は、地震時の応力解放のデータから地下の応力のパターンを推定する新しい逆解析法に関するもので、30年以上の歴史を持つ応力逆解析の世界に新展開をもたらした。しかし、既成概念を塗り替えるのはいつの時代にも難しい。手法に数学的な問題点はなかったにもかかわらず、論文の投稿から受理までに1年7か月もの時間がかかった。手強かった査読者（論文の審査員のことで、匿名の場合が多い）は、おそらく地質学の大家であったかと思われる。応力場とデータを結び付ける根幹のアイデアを認めてもらうのに大変苦労した。しかし、査読者とのやり取りの中で、専門分野の異なる研究者と議論

＊3　原因から結果を予想する順解析に対するもので、結果から原因を推定する解析法のことをいう。

すると、新しい視点からものの理解が深まることを実感した。また、相手が何を重要視しているか、それが問題ならどう対応すればよいか、何を答えればよいのかを考える訓練ができた。今になって思うと、これは初っ端からの高地トレーニングであった。厳しかったがその効果は大きく、論文が受理される頃には、私は研究者として両足で立てるようになっていた。その後、この手法を用いて、日本列島周辺域の大地震や地殻変動を引き起こす応力場のパターンの推定にも成功した。

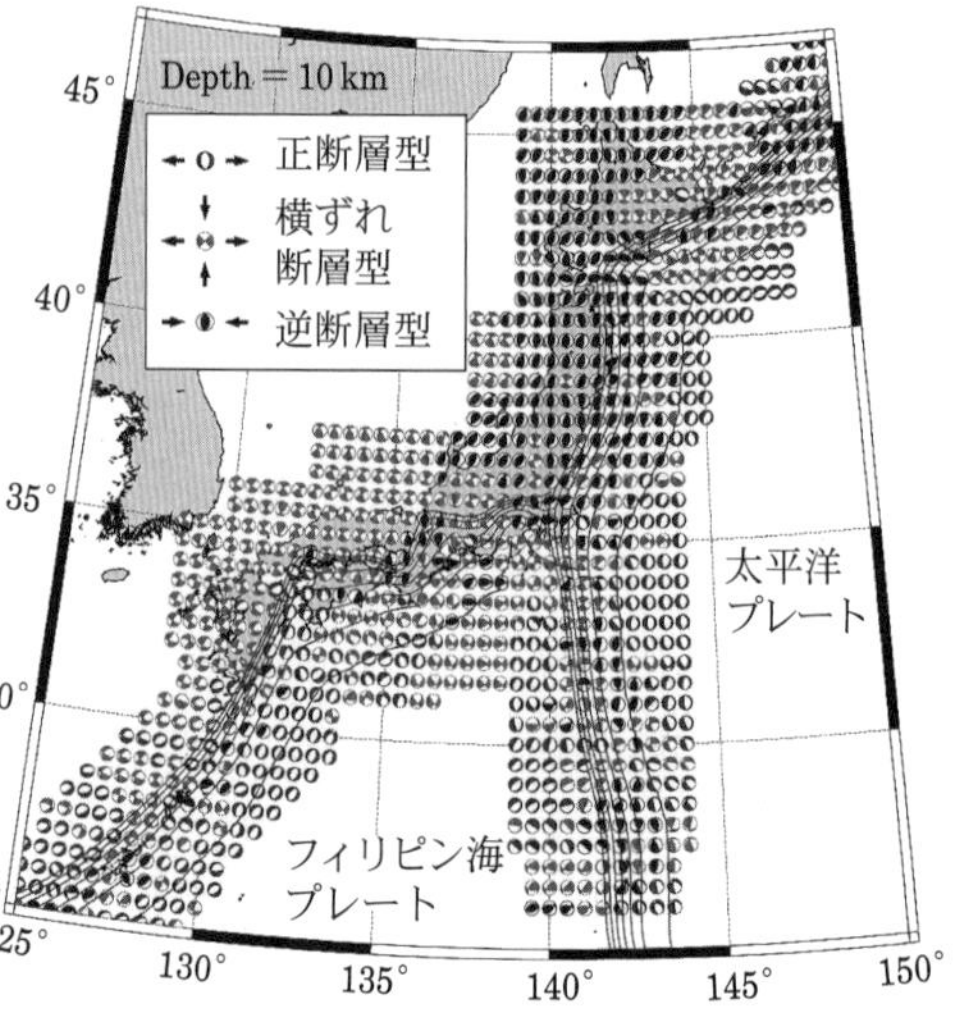

図1　日本列島周辺域のテクトニック応力場。日本列島はおおむね東西圧縮の応力場にある。黒線は太平洋プレートおよびフィリピン海プレート上面の等深度線（0〜60 km まで 10 km 間隔）を表す。約 12500 個の中小地震（マグニチュード 3〜5）のデータからプレート運動を反映した応力分布が推定されるのは興味深い。

■ドイツでの研究生活

私が博士号を取得して3年が過ぎた頃、夫が在外研究のため1年間ドイツのボンへ行くことになった。身軽なポスドク研究員であった私は、よい機会ととらえて一緒に渡欧することにした。まず、ホームページを頼りに受け入れ先を探さねばならなかったが、そもそも地震の少ないドイツに地震の研究者は多くない。ボン大学・シュタインマン研究所でのスティーブン・ミラー先生(現在、スイス・ヌーシャテル大学教授)との出会いは本当に幸運だった。業績も少ない見ず知らずの私を、あっさりと受け入れてくださったのだ。ミラー先生は、間隙流体圧(断層の隙間に閉じ込められた流体の圧力)と地震の発生に関する研究をされており、渡欧の半年くらい前からメールで連絡を取る中、日本人の私に2004年新潟県中越地震の発生における間隙流体の役割を調べたらどうかと提案してくださった。これが予期せぬ転機となった。

ミラー先生から送られてきた論文に目を通し、どう攻めようかと考えあぐねていた頃、信じられないタイミングの良さで、まったくの別件で新潟県中越地震の余震データに触れる機会が訪れた。この地震は、北西—南東方向に最大圧縮軸を持つ逆断層型の応力場で発生した地震であり、そのメカニズム解は応力場と同じタイプの逆断層型であった。余震のメカニズム解を調べると、規模の大きな余震は、予想通り本震とほぼ同じタイプであった。しかし、小規模な余震は、本震とは異なる横ずれ型が多かった。

地震の起こり易さは、応力のパターンに対する断層面の向きに依存する。逆断層型の応力場の下で、本来なら起こりにくいはずの横ずれ型の余震が発生したことは、余震の発生に応力以外の要因が働いたことを意味する。それが流体の仕業だとしたら? 古典的なクーロンの摩擦則に従

図2　ボン大学・シュタインマン研究所にて。スティーブン・ミラー教授（左）とボリス・ガルヴァン博士（右）と一緒に。

うと、断層の摩擦強度は法線応力（面に垂直な応力成分）に比例する。もし、本震による震動や地殻の破壊に伴って震源周辺域の間隙流体圧が上昇すれば、法線応力が流体の圧力分だけ実効的に小さくなる。その結果、断層の摩擦強度が低下して地震の発生が促されることがわかる。この理論的考察は土質力学の分野に原点を持つもので、少なくとも1950年代には地震学の分野にも輸入されていたが、逆解析法として応用された例はなかった。私は、新潟の観測データに触れることで、地震の発生した断層面の応力条件の悪さは、そこに働く間隙流体圧の高さの指標になるという考えに基づき、直接測定することの難しい地下の間隙流体圧分布を、地震のメカニズム解から推定する逆解析法の開発に取り組んでみようと考えるようになった。

　そして、私が2009年4月にボン大学に着任するやいなや、イタリアでラクイラ地震が発生した。ミラー先生との交流をきっかけに、日本で温めていた考えを試すときが突然やって来たのだ。いきなりエンジン全開となり、この仕事を通じてミラー先生や研究所の仲間にも認めてもらうことができた。また、その年の12月に米国地球物理学会でその研究成果を発表したところ、（おそらく）これがきっかけとなり、２０１０年４月、41歳にして名古屋大学大学院環境学研究科の助教として正式に採用された。その後、本論文は国際学術誌『ジオロジー』の２０１０年11月号に掲載され、その巻のハイライトに取り上げられて高く評価された（評価してくださったのは海外の女性研究者であった）。間隙流体圧は、断層の摩擦強度と密接な関係を持つ物理量であり、絶対応力とも関係が深い。あれから十年が経ち、最近、間隙流体圧をパラメータとして地震データから絶対応力場を推定する新たな解析法の開発にも成功した。

■猿橋賞受賞者となって

研究テーマに間隙流体圧が加わったことで、以前に比べて視野が広がり、研究は加速的に楽しくなった。このような中で、前述した、地震のデータから地殻の応力のパターンと間隙流体圧分布を推定する二つの独創的な逆解析法を開発したことと、これらの手法を用いた実データの分析に基づき地震の発生に至る地殻内の物理過程を実証的に明らかにしたことが評価され、私は２０１８年に猿橋賞という歴史のあるすばらしい賞をいただいた。私が猿橋賞の存在を知ったのは、企業で働いていた20代の頃、通勤途中にアエラの吊革広告の〝表紙の顔〟に惹かれたことに遡る。それは平成元年に第９回猿橋賞を受賞され、女性で初めて日本地震学会の会長を務められた石田瑞穂先生だった。このことは、私が地震学を志したことと直接関係はないが、地震の研究を始めてからは、猿橋賞受賞者である石田先生の存在に励まされてきたことは確かであり、他の女性研究者からも同様の声を聞く。そして、奇しくも、私は平成最後の猿橋賞受賞者となった。いわゆる「猿橋効果」は、受賞者が受賞後に昇格することや、学界や社会で要となる職に就くこと等に対して用いられると思うが、受賞者の活躍が若い世代に与える「2次猿橋効果」もまた大きく、大変重要である。それだけ責任の重い賞をいただいたと思うと、身が引き締まる。ちなみに、私の1次猿橋効果の方はというと、受賞から4か月後に、名古屋大学の講師から准教授へと昇格した。さらにその半年後、身近な同僚の好意で個室の研究室を持つこともできた。

受賞後に、私のことを「うさぎと亀なら亀」と評してくださった方がおり、自分でも心当たりがあり、おかしくうれしく思った。時の流れが速い現代社会において、のろまな亀は一般的に人気薄で、実際、うさぎに負けることも多い。また、レースを最後まで見てもらえない等の厳しい環境にも晒されている。その亀の私を尽力して育ててくださった方々、評価してくださった方々に、心から感謝している。猿橋賞受賞者となり、研究以外の役割も微力ながら果たしつつ、研究者としては自分で研究の世界を切り開く開拓者でありたいと思う。人生は長く、たくさんの選択肢がある。その岐路の分だけ自由度が高くなり、人生は豊かになる。既成の物差しで自分を測る必要はなく、訪れる変化をチャンスにしながら、何事もしなやかに、そして覚悟をもって挑戦を続けたい。これは自分への励ましであると同時に、若い人へのメッセージでもある。

略歴

１９９１年　早稲田大学教育学部理学科数学専修卒業
１９９３年　早稲田大学大学院理工学研究科修士課程修了
１９９３〜２００１年　（株）富士総合研究所（現・みずほ情報総研（株））
２００１〜06年　東京大学大学院理学系研究科地球惑星科学専攻修士課程・博士課程
２０１０〜18年　名古屋大学大学院環境学研究科助教、講師
２０１８年〜現在　名古屋大学大学院環境学研究科准教授

受賞歴

２０１６年　日本火山学会論文賞
２０１９年　The EPS Excellent Paper Award

論文

Absolute Stress Fields in the Source Region of the 1992 Landers Earthquake. Terakawa, T. and Hauksson, E., *Journal of Geophysical Research* 2018, Vol.23 (B10), 8874-8890

Evolution of pore fluid pressures in a stimulated geothermal reservoir inferred from earthquake focal mechanisms. Terakawa, T., *Geophysical Research Letters* 2014, 41 (21), 7468-7476

The 3-D tectonic stress fields in and around Japan inverted from CMT data of seismic events. Terakawa, T. and Matsu'ura, M., *Tectonics* 2010, 29 (6), TC6008

学会・社会活動

２００２年～　日本地震学会会員（代議員　２０１４年～）

２００３年～　米国地球物理学会会員

２００５年～　日本地球惑星科学連合会員

２０１７年～　文部科学省科学技術・学術審議会測地学分科会地震火山部会専門委員

受賞者としての責務

（第39回）梅《うめ》津《つ》理《り》恵《え》

■研究者への道

猿橋賞受賞者としての依頼講演が続いたお陰で、自分自身のことを振り返る機会が多くなりました。私の現在の専門は「材料工学・磁気物性」で、早くからこの分野を目指していたわけではなく、たどり着いたという感じではありません。気が付けば父親とまったく同じ分野に進んでおり、実はうまいこと仕組まれていたのかもしれません。理数系の目覚めは、小学生の頃からであったと思います。庭で植物の葉を眺めていると、父親が顕微鏡を買い与えてくれ、それを覗いて夏休みを過ごし、ギリシャ神話の物語にはまって夜空を見ていると、今度は双眼鏡が与えられ、それを使って星を眺めたり星雲を探し当てたりして過ごした時期がありました。中学生の頃には、得意な科目は理科と数学で、国語が大の苦手であったことから、選ぶとすれば理数系、という気持ちは持っておりました。そうは言いながらも、中学生の頃にもっとも好きであった科目は間違いなく「体育」であり、運動部の部活に励んだ中・高校生時代でありました。高校生になると理科の中でも物理がもっとも好きな科目となりました。子供の頃から何気なく不思議に感じていた身近な現象が、法則によってきちんと論理的に筋道を立てて説明がなされること、そして暗記すべき事柄が少ない、という意味で自分に合っているように思えました。ただ、これは女子高という環境のおかげでもあったのかもしれません。単純に好きだから、という気持ちだけで理学部の物理学科を志願して大学に進みました。

大学4年時の研究室を選ぶ段階で、実験系の物性物理学講座を選びました。大学でもすっかり体育会系運動部の活動に打ち込んでいた私は成績が不振で、講座の先生には「なぜ、うちの研究室を選んだのか」と呼び出されたことがありました。たしか、「最後の1年くらいはしっかり物理を勉強したい」と答え、配属の許可を得ました。地方国立大学の研究室で、格段に恵まれた設備があったわけではありませんが、各自のテーマに対して各々が試料を作製し、装置を繰り返し使ってデータを取得し、あれやこれや議論をする、という研究室での生活はとても充実していました。「研究室で過ごす生活は、まったく同じ日が繰り返しやってくることはない」という恩師の言葉に妙に納得し、迷いなく修士へ進みました。ただ、博士課程への進学はそのときは思い描いてはおらず、早く自活をせねばという気持ちで就職を選びました。そんな社会人生活も1年と経たないうちに母親が体調を崩したことで辞職し、実家に戻り母の看病をすることになりました。「せっかく就職したのに」とか「その後はどうするか」などとはまったく考えもせず、「そのときはそのとき」くらいの気持ちでした。約10か月間母の世話を懸命にしましたが、甲斐なく母は他界し、私の人生は完全にリセットされたのです。真っ新な状態になると、自分が物理を好きだったことや、修士号まで進んだことは世間一般から見れば必ずしも当然のことではないと考えるようになり、博士課程への編入を決意するに至りました。

■研究テーマのきっかけと展開

猿橋賞を受賞した研究のタイトルは「ハーフメタルをはじめとするホイスラー型機能性磁気材料の物性研究」です。こんなに長いタイトルをつける気はなかったのですが、近い研究分野の人がタイトルを見て私の顔が浮かぶように、と考えたらこのように長くなってしまいました。博士課程では工学部材料系学科のなかでも比較的基礎研究を行っている講座を選びました。研究室を見学した際に恩師の深道和明先生が非常に熱心に研究内容を紹介してくださりました。その第一印象の通り、常に熱意をもって研究や教育に向かう姿勢には敬服するものがあります。余談になりますが、博士の学位を取得して学術振興会特別研究員（学振ＰＤ）1年目の頃に第1子を妊娠し、妊娠9か月で切迫早産のため実験室から直接病院へ入院した際は、ものすごい血相で産婦人科病棟まで駆けつけてくれました。学振ＰＤのテーマは博士課程の頃のテーマの延長的なものでしたが、研究の幅を広げるために「ハーフメタル物質」[*1]の研究にも着手するようになりました。理論的にはハーフメタル物質であると提案されていても、実はその物質が本当に存在しているとは限らない場合もあり、実際に物を合成して相安定性も含めて広く物性を調査する必要があると考えたからです。

学振PDの後は、CREST研究員、東北大学多元物質科学研究所の特別教育研究教員と3か所の研究員を渡り、学位取得後8年目にしてようやく助教の職位に就くことができました。その間、ハーフメタルの研究は常にサブテーマではありましたが、コツコツと研究を継続できたことは非常に重要な意味がありました。その後、東北大学金属材料研究所に異動し、このテーマを発展させたいと思いJSTの「さきがけ」[*2]に応募したところ、課題が採択されました。領域の総括は、当時東京工業大学教授の細野秀雄先生で、「うちの領域では、生意気な奴しか採らない」と言うだけあって、なかなかの強者ぞろいの領域でした。その中で私なんぞは落ちこぼれで、進捗報告会の後はいつも落ち込んでいました。猿橋賞を第28回目に受賞された野崎京子先生はこの領域のアドバイザーのうちのお一人であり、鋭く、かつ親身な助言を常にしてくださりました。また、アドバイザーの中では唯一の女性ということもあり、野崎先生の存在にいつも励まされていました。

ハーフメタルという物質群は、その電子状態において半導体と金属の状態を合わせ持つ物質で、スピントロニクス[*3]の分野での応用が期待されて理論的予測やデバイス素子の実験的研究が盛んになされている中、その物質のみに着眼した基礎物性を研究している例は少ないものでした。私の研究では、良質の単結晶試料を育成して放射光施設で電子状態観測を行い、ハーフメタルであることの特徴を示したことが、今回の受賞につながったのではと自分なりには考えております。「さきがけ」の研究テーマとなったことで、「何が何でも成果を出さねば」と奮起して結晶育成に力を注いだことが良い展開となりました。1人では当然ながら放射光実験にこぎつけることはできず、いろいろな方に相談するうちに非常にアクティビティの高い計測グループと出会うことができ、さらには理論グループからのサポートも受けることができました。思い描いていることが具体的であればあるほど、実現に近づけるものだと思います。

＊1　磁性体において「半導体」的な状態と「金属」的な状態の両方を合わせ持つ物質。電子は2種類の異なる量子化軸を有しているが、ハーフメタルの場合、片方の電子は電気を流す性質を持つのに対し、もう片方の電子は伝導性を有しない。

＊2　科学技術振興機構（JST）による戦略的創造研究推進事業のうちの一つ。領域ごとに研究提案を公募により選考し、総括と領域アドバイザーの助言を得て、領域内の研究者と交流・触発しながら個人が行うネットワーク型研究。助成金は3年半で約4000万円。

＊3　物質を構成する電子が有する電荷とスピンの両方を工学的に利用・応用する分野のこと。磁気工学（スピン）と電子工学（エレクトロニクス）から生まれた造語。

■研究を継続できた理由

私の研究分野では女性研究者が少なく、所属している学会の一般会員における女性の割合は「日本金属学会」で4%、「日本物理学会」で6%（2019年男女共同参画学協会連絡会資料より）です。私が現在勤めている東北大学金属材料研究所では研究者の数が約130人のところ、助教・特任助教以上の女性研究者の数は私を含めて5名ですから、割合としては約4%。大学内においても、明らかに足を引っ張っている部局のうちの一つであります。男女共同参画に関する活動においても、どのように研究を継続してきたかという観点で、研究と育児・家事の両立に関する話題を提供する機会が多くあります。私の場合、結婚して子供が3人となれば研究を中断していた時期もそれなりにあり、たとえば、長女と次女の場合は出産の前後を合わせるとそれぞれについて6か月間、3番目の長男の場合は休暇を取り出してから3日目に生まれてきてしまったので、ほぼ産後休暇のみの2か月間。博士の学位を取得して間もなく1人目の子供を出産したので、研究者として「さあ、これから」という時期の5年間に3度の出産を繰り返したわけです。ですから、その後の乳幼児の育児期間を含めると、30代というのは一体何をしていたのか、自分でもよく思い出せないような時期でありました。保育園に通っていたのは12年間におよびます。この期間は、子供を保育園に連れていかないことには研究室に行けなかったわけです。最後の2年ほどは主人が子供たちの迎えを引き受けてくれましたが、少なくとも10年間は帰る時間を気にしながら、いつも追い立てられるような気持ちで研究をしていたように思います。何とか乗り越えられてきたのは、帰る時間を心配してくれる上司や同僚などの理解があったこと、主人の協力、そして子供たちが元気で大病することなく育ってくれたこと。あとは、自宅から職場まで20分の車通勤、かつ保育園はちょうどその間、という住環境も関係していると思います。都会の電車通勤などでは、3人の子供を連れて保育園に通うということは、自分にはとても困難なように思います。

図1　北海道から義母を呼び寄せ、学会参加のために鹿児島へ向けて移動中。

あと、私にとって欠かせなかったのは義父母の協力でした。主人と知り合う前に実の母が他界していたので、3度の出産時の入院はすべて主人のお義母さんに手伝ってもらいました。それだけではなく、国内・国外の学会に子供を連れて行くときは一緒に同行までしてもらいました。義父母は近くに住んでいるわけではなく、呼び出されるたびに北海道から仙台まで来てくれたのです。3人の子供を連れて仙台から鹿児島まで出かけて学会に参加したときはさすがに大変だったのか、それ以降は留守番をしてもらうことになり、第3子が小学校を卒業する頃までの16年間、毎年、年に数回の頻度で来てくれたことになります。猿橋賞の受賞の報告を義父母に真っ先に知らせたのは言うまでもありませんが、仙台にしょっちゅう出掛けることを知っているご近所さんからも、新聞を見てたくさんのお祝いの言葉をかけてもらったとのことです。

猿橋賞受賞以来の学会では多くの知り合いから「おめでとう」と声をかけていただきました。「強運の持ち主です」と自分から言うと、ある先生が大真面目な顔で「研究者がぜひとも備えるべき要素が三つあります」とおっしゃられました。聞くと、①「運」、②「体力」、③「鈍感力」とのことで、即座に「全部持っています」と答えました。③の鈍感力はいろいろな意味があると思いますが、②の体力に関しては大いに自信があるからです。なにせ、中学・高校・大学と運動部に所属していたわけですから。さすがに、学会や大学での男女共同参画に関連する場面で、「体力」があることが研究継続に必要なこととは発言したことはありませんが、私にとっての秘策であることには違いありません。

■猿橋効果について

私は2019年度の第39回目の受賞者であり、現在この原稿を書いているのは、受賞後まだ半年しか経過していない頃であります。しかしながら、この短い間においてもラジオ番組の出演、地方テレビ番組での特集、雑誌の取材や記事の寄稿、大学や高校での講演会、学会等での基調講演など、猿橋賞を受賞していなかったら、おそらく依頼が来なかったであろう仕事が舞い込んでいるような状況です。初めて経験するようなことが多く、戸惑いながらも今までの受賞者である先輩諸氏も同様だったのだろうと想像しながら過ごしております。自分の専門外の場で研究の話をすると、はたと気づかされることが多く、自身の研究を振り返る大変貴重な機会であります。磁気物性を専門としている研究者は、「スピン」という言葉を使って磁性の起源を説明することが多いのですが、この言葉は専門外の人にはイメージが付きにくいため、この言葉を避けて磁性の話をするのがこんなにしんどいものかと気づかされました。自分の研究を少し客観的に眺める機会を持つことができたのか、あらためて特徴を再認識することで、他分野との違いも明確に位置づけするよう頭が整理されました。猿橋賞を受賞して外部資金が獲得しやすくなると耳にしましたが、「なるほど、視野が広くなり、調書の書き方が他者にわかりやすいものになることに因るのでは？」と気が付きました。具体的な成果にはまだつながっておりませんが、後になって自身の研究

図2　2019年5月23日、第39回猿橋賞受賞記念講演にて。

生活を振り返る場面がきたとしたら、間違いなく何かしらの転機になっているのでしょう。よく、先生方や先輩方の話の中で「あのときが転機であった」という話をよく聞きますが、そういのはその時期には気が付かないもので後になって思い返せばわかるものだと思っておりました。しかしながら、猿橋賞に関しては、今の時点においてもすでにそうである予感がします。

そういえば、こんなことがありました。ある日、同じ研究所の若い男性助教から声をかけられました。私の受賞記事を新聞で見て「梅津さんていうのは、あんたと同じ研究所で、あんたも知っている人なのかい？」と実家の母親から電話があったとのことです。おそらく、年に数度あるかないかのような親子の会話に話題を提供できたとは、恥ずかしいながらも嬉しい気持ちになりました。

■今後の展望

研究においては、「ハーフメタル型電子状態の特徴をとらえるのに、放射光を利用した共鳴非弾性X線散乱測定が非常に有力な手段である」という手ごたえがつかめ始めたところであり、当面は関連研究の展開に注力することになろうかと思います。折しも、今まさに次世代放射光施設が我が街仙台に設置されることが決定し、建設が始まったばかりです。放射光リングの完成までに2〜3年、装置設置にさらに2〜3年を要するとのことで、ファーストビームでの実験は早くても4〜5年先と聞いております。研究者などのユーザーにどのように施設が開かれるのか、現時点では定かではありませんが、もし可能であればぜひとも関わりを持ち、新しい放射光施設で実験を遂行することができればこの上ない幸せでしょう。そのためにも、実験に見合う興味深い機能性を有する新物質を提案し続けることができるよう、努めて参りたいと思います。

一方で、私が所属する東北大学金属材料研究所・新素材共同研究開発センターは、全国共同利用共同研究拠点としての機能を維持するミッションが課されています。2018年度より、外国人研究者にもセンターの施設はオープンになり、それらの対応も含めてこの組織の運営を円滑に進めていくことが重要な任務となります。世界大学ランキングやQSランキングの結果からも明らかなように、日本の大学には国際性を発展させることが急務となっております。いずれにしても、国内・国外を問わず、当センターをハブとした人的交流をさらに強く推し進めていきたいと考えております。前述のように、放射光での研究が進展し、成果を出すことができたのは、志を共有できる計測グループや理論グループとの出会いが非常に重要でありました。多くの方の協力や助けがあったからであり、自分1人の力では、当然ながら成し得なかったことです。今後は自分の研究のみならず、センターを訪れる研究者の研究の発展にも寄与できるようになりたいものです。もちろん、猿橋賞受賞者の責務として、後進の育成にも力を注いでいきたいと考えております。会の趣旨としては、「日本女性科学者」の地位向上が大きな目的であったと思います。しかしながら、これからはそれに限ったことではなく、性別・国籍を隔てる必要性はなくなってくるのでは、と自分なりには解釈しておりますが、それこそが本来の会の目的であるのでしょう。

■後輩に伝えたいこと

近年は、男女共同参画という言葉もすっかり浸透し、さまざまな取り組みがなされ、女性が仕事を継続しやすい環境が整いつつあります。そうとはいえど、日本の状況は欧米諸国に比べて大きく遅れを取っているのは非常に残念です。出産に育児、介護などのライフイベントは、どうしても女性に多くの負担がかかるものです。私も20代で母親の看病、30代で3度の出産、そして育児が落ち着く頃には介護、というように常に何かしらを背負いながら仕事を続けることになるのでしょう。「両立」とはとても言えず、「何とかどちらもしている」という状況で、常に肩身の狭い思いをしてきたように思います。子供が小さくて手がかかり、研究をする時間に大幅に制約があった頃、とにかく私は焦っていました。いつも時間に追われている感じで、気持ちにまったく余裕がありませんでした。今になって思えば、研究や育児に対してあんなにせかせかと向き合う必要などなかったのです。でも、自分の周囲にはそのようなことを言ってくれる人も、それを示してくれるような人もいない状況でした。あの頃の自分に言えるとすればこう言いたいです。「目を吊り上げてばっかりいると、本当にそういう人相になっちゃうわよ」。

自分の娘とは、「男性として生まれてきていたらどうなっていたかな」とか「日本の社会においてはどちらの方（性別）がいいのだろう」などと話をすることがあります。それは、自分自身がそう考えることがよくあるからです。でも、娘はいたってあっさりと「女性のほうがいいに決まっているでしょ。子供を欲しいと思えば生を授かることができるし、それにいろいろなことができるのは、女性の方でしょ。男性の方が気にすることが多くて大変そう」、と。なるほど、親としては頼もしい限りです。日本の社会の男女の役割というのは、女性に限らず男性にとっても制約が多く窮屈なものであったと改めて考えさせられます。女性にとって働きやすい世の中は男性にとっても働きやすい社会、というのはいろいろな意味を含んでいるわけです。親子1代程度の年月で日本の社会がどこまで変わるかはわかりませんが、性別によらず個々の特徴や能力を最大限発揮できる道を自由に選べる状況であって欲しいです。

略歴

1994年　奈良女子大学大学院理学研究科物理学専攻修了
2000年　東北大学工学研究科材料物性学専攻修了。博士（工学）。日本学術振興会特別研究員（PD）、CREST研究員等
2007年　東北大学多元物質科学研究所、金属材料研究所助教、特任准教授
2011年　JST-さきがけ研究者（兼務）
2016年　東北大学金属材料研究所准教授
2020年〜現在　東北大学金属材料研究所教授

受賞歴

２０１４年　公益社団法人日本金属学会　第72回功績賞（物性部門）受賞

２０１４年　日本女性科学者の会　第19回奨励賞受賞

２０１９年　公益社団法人日本磁気学会　優秀研究賞受賞

著書・論文

Half-metallicity of the ferrimagnet Mn_2 VAl revealed by resonant inelastic soft x-ray scattering in a magnetic field. Umetsu, R. Y., Fujiwara, H., Nagai, K., Nakatani, Y., Kawada, M., Sekiyama, A., Kuroda, F., Fujii, H., Oguchi, T., Harada, Y., Miyawaki, J. and Suga, S., *Physical Review B* 2019, 99, 134414

「ハーフメタル型Ｃｏ基ホイスラー合金の磁気的性質と相安定性」梅津理恵、大久保亮成、貝沼亮介、石田清仁『日本金属学会　まてりあ』２０１０、49、４６２-４７０

Chapter 4. Magnetic and Electrical Properties of Practical Antiferromagnetic Mn Alloys. Fukamichi, K., Umetsu, R. Y., Sakuma A. and Mitsumata, C. *Handbook of Magnetic Materials* 2006, Vol. 16, Edited by K. H. J. Buschow, Elsevier, 209-401

学会・社会活動

２０１５〜18年度　日本金属学会男女共同参画委員会委員　委員長
２０１５年度〜　日本女性科学者の会理事
２０１８年度〜　宮城県産業教育振興委員会委員
２０２０年度〜　日本学術会議連携会員

私が素粒子物理学者になったわけ

（第40回）市川《いちかわ》温子《あつこ》

■子供時代

私が生まれ育った愛知県一宮市は、毛織物工業の盛んな町で、私の実家も親戚一同で毛織の町工場を営んでいました。工場の機械室には、父の工作室がありました。大きなバイスにいろいろ挟んで、壁にかけているのこぎりやペンチを使ってみたり、あるいは隣のボイラー室を窓からのぞき込んだりして遊んだことを覚えています。子供の頃、好きだったおもちゃは、こういった工具や、あるいはピストルの模型、プラモデルやミニカーなどでした。ピアノ、習字、フィギュアスケートを習いましたが、発表会などで着るひらひらの服は苦痛でした。

小学校の高学年の頃です。水に砂糖を溶かすと体積は増えないけど、重さは増えるということが、すごくしっくりきたことを覚えています。授業で算数クイズを出してくれる先生がいて、解けたときの〝おお！〟という感覚が快感で、夢中になって解きました。

物理や数学は得意でしたが、それ以外は赤点ばかりでした。夏休みの宿題も、一所懸命にやっているのですが、毎年3分の1くらいしかできず、全教科、黒板に名前を張り出されました。今、考えると、教科書を見ながら先生の話を聞くのが苦手で、勉強の仕方がよくわかっていなかったのだと思います。

友人関係では、小学校の高学年くらいから、いわゆるガールズトークがうまくできずつらかったことを覚えています。高校の3年生で物理を選択すると女子はクラスに数人しかおらず、むしろほっとしました。今でもそうで、男の人ばかりの集団の中にいる方が、居心地が良いと感じます。

ブルーバックスや大学生向けの物理の本を読み、走っているだけで物が伸び縮みしたり、時間が早く進んだりする相対性理論を研究することに憧れ、京都大学の理学部を受験しました。が、有機化学の問題などがまったく解けずに不合格で浪人することになりました。予備校では、化学や歴史についても、暗記ではない勉強の仕方を教えてくれました。おかげで翌年、合格することができました。

■大学の学部時代

入学当初はやる気に満ちていたと思います。ところが、ゴールデンウィーク明けくらいから、やる気を喪失する長く暗いつらい日々が始まってしまいました。当時は、自分がどういう状況にあるのか、なぜ、こんなに怠け者になってしまったのかわからず、ほんとうに何もかもがまったく面白くない、そしてなぜだかわからずにつらく眠れない日々を悶々と過ごしました。授業もほとんど出席せず、かろうじて取った語学だけが1回生で取得した単位でした。そこから、どうやって脱出したのか、以下は自分なりの考察です。高校生のときからアルバイトをすることにあこがれていたこともあって、悶々とした日々を送りながらもコンビニエンスストアでバイトを始めました。1シフト8時間働くと、鈍った体はへとへとですが、バイトなので、さぼるわけにはいかないという気持ちは維持できて、1年近く続けました。このバイトで、生活のリズムと体力、外世界との関わりを少しずつ取り戻していったように思います。その他にもいくつか少しずつ転機となることがあり、2回生になるころから、少しずつ活力が湧いてきて、それなりに大学生活を楽しめるようになりました。3回生では、実験課題として加速器を使った炭素原子核の散乱実験と、X線による結晶解析をしました。半年かけて、手を動かしながら、一つのテーマをじっくりと勉強するのが性に合ったようで、どちらも楽しく実験しました。4回生でも、課題として原子核物理を選び、難しい数式をいじるよりも実験を考えて物を作る方が楽しくて、大学院は原子核物理学実験の研究室を志望しました。

院試には合格しましたが、研究者を目指すという確固とした意志も自信もまったくなく、自分が何を目指しているのかもわかりませんでした。そこで、研究室の教授で、私の恩師となる今井憲一さんにお話しをうかがいにいきました。「この研究室では何を目指しているのですか？」という私の素朴な質問に、今井さんは「新しい物理だよ」と答えられ、私は単純に〝格好いい！〟と感激して進学することを決意しました。単位数はぎりぎりで学部を卒業しました。

■大学院――原子核物理学

今井さんからテーマをもらい自分の実験の準備を始めてからは試練の日々でした。私の選んだテーマは、ストレンジクォークを含むラムダ粒子を核内に2個持つダブルハイパー核を、加速器からのビームを用いて作り、原子核乾板中に探すというものです。まずはそのための検出器の開発をすることになり、最低限必要な材料を渡されて、茨城県つくば市の高エネルギー物理学研究所（KEK）で陽子加速器からのビームを用いたテスト実験をすることになりました。KEKでは先輩院生たちが別の実験の準備のために常駐しているので、その人たちを頼れ、一つ上の先輩院生一人と同級生一人（後の夫）に手伝ってもらえ、とのことでした。何とか自分の知識の範囲で準備するのですが、暗箱は段ボールに黒ペンキ、台はアングルを適当に組み立ててガムテープで補強というひどいものでした。ビームタイムが迫ってくるが、準備はぜんぜん追いつかず、テストするはずの検出器もまともに動かず、眠る時間もなくもうボロボロでした。途方にくれて、夜中に実験ホールの人影のない場所で泣きました。もう無理だ、大学院を辞めようと思いました。ビームタイムが始まっても、まともなデータは取れなかったのですが、途中、今井さんが現れてアドバイスをもらい、なんとかデータを取りました。ビームタイムが終わった後に辞めなかったのは、体力が戻って気を取り直したのと、同じような立場の院生同士で励ましあったからかなと思います。修士論文を何とかまとめましたが、審査委員の一人に「この内容では博士課程進学は無理」という今では伝説となった評価を与えられましたが、なんとか合格にしてもらい進学しました。

今井さんの指導は、意図してかどうかはわかりませんが、アイデアと実験の場所を与えて、あとは放り出し、失敗で手遅れになる直前にアドバイスするというものでした。この指導と、そして当時の実験の規模は、私を含めて多くの院生を大きく育ててくれたと思います。博士課程ではダブルハイパー核探索に向けて、必要な検出器の開発、実験の立ち上げと遂行、その後の原子核乾板中の飛跡の自動探索装置の開発など、面白い所を全部やらせてもらいました。結局、通常3年の博士課程を2年余分にかけ、博士論文を書きました。ダブルハイパー核は見つからず、別の原子核で論文を書きましたが、博士論文の公聴会の2週間後に、この実験で最初のダブルハイパー核が後輩の手で見つかり、大きな成果になりました。

■ニュートリノ実験へ

博士号を取得後、次に何を研究するかについて迷いました。大学院に在学している間にスーパーカミオカンデによってニュートリノ振動が発見され、また世界初の陽子加速器を用いた長基線ニュートリノ振動実験K2K（ケーツーケー）がKEKの加速器と岐阜県にあるスーパーカミオカンデを使って始まっていましたが、不勉強な私にはあまりピンと来ていませんでした。正直に言うと、ニュートリノ振動はすでに確立して、もうやることはないのではないかと漠然と思っていたのですが、K2K実験代表者の西川公一郎さんにお話を伺ったところ、「次は、CP対称性の破れだよ」と言われ、再び〝格好いい！〟と感激して、加速器長基線ニュートリノ振動の分野へ進むことにしました。

K2K実験の次のステップとして、新しく大強度の陽子加速器（J-PARC）を茨城県東海村に建設し、そこからのニュートリノビームをスーパーカミオカンデで検出する実験が計画されていました。ニュートリノ施設の設計はまだほとんど手がついておらず、ポストドクター（博士研究員、以後ポスドクと表記）を始めた私にとって、やりたい放題の仕事場でした。施設の図面引き、放射線遮蔽計算、陽子ビームラインの光学設計、陽子ビームを標的に射てニュートリノの親粒子であるパイ中間子を作り出す2次ビームラインや前置検出器ホールの概念設計などなど必要なことは何でもやりました。大学院では自分の力で進めるということを学びましたが、ニュートリノ分野の先達からは、それに加えて、国内に限らず海外からでも専門家の意見を引き出し共同で研究することの重要さを学びました。ポスドクから助教にかけて、私が特に力を注いで開発したのが、パイ中間子を作るためのグラファイト製標的と、生成したパイ中間子を磁場によって前方へ収束するための電磁ホーンという機器でした。計画段階では米国でかつて使われていたシステムをモデルにしていたのですが、大強度ビームに耐えられるように、低密度のグラファイトで直径の大きな標的にすると、システム全体が非現実的な大きさになってしまいます。そこで、私は、電磁ホーンに流す電流を増やすことと、2台からなる光学系の1台目の役割を二つに分割して全体で3台とすることで、性能を維持しつつ一つひとつの電磁ホーンの大きさを現実的な大きさに収めるシステムを設計しました。このような大幅な設計の変更は、入ってきたばかりの下っ端の私が提唱しただけで採用されるものではなく、実力行使でこれが最良の解なのだと認めさせるべく実設計・開発へと進みました。その過程で米国や英国の技術者と共同研究をしましたが、彼らは、一つひとつの部品の設計、選定を必ず詳細に検討するため、初めは面倒くさくて共同研究なんかするんじゃなかったと思ったりもしましたが、一緒に議論するうちに、装置を設計するということについて多くのことを学ばせてもらい、お互いにアイデアを出し合うとても有意義で楽しい共同開発をすることができました。製作にあたっては、作ってくれそうな会社を見つけられずに途方に暮れていたときに、超伝導磁石の専門家の山本明さんが、会社を紹介してくださるとともに、大きくて非常にしんどいものを作りきる心意気を教えてくださりました。もう一人、

図１　通電試験のために設置されたホーン。３台ある電磁ホーンのうち、もっとも大きな、第３ホーン。手前に写っているのが私で、左奥にいるのは電磁ホーンを共同で開発した関口哲郎氏。

陽子ビームラインの光学設計でいろいろ教えてくださった生出勝宣さんと山本さんは、私にとって装置を設計製作する上での師です。その他、2次ビームラインの設計を一緒に行った山田善一さんをはじめ、多くの方と一緒にニュートリノ施設の建設を行いましたが、まだ現役の方たちについては、照れくさいのでここには名前を出さないことにします。電磁ホーンの最初の試作機は2006年に完成し、通電試験を行いました。パルス電流を流すのですが、生成した磁場が導体中の電流に力を及ぼすため、電流が流れるたびに音が鳴ります。電流値が小さい間は、ポン、ポンという感じなのですが、段々と電流を上げると音は次第に大きくなり、設計値の32万キロアンペアに近づくにつれ、ドーンという耳が痛くなるような轟音が響きます。初めて設計値に達したときの鳥肌が立つほどの感動を覚えています。

私生活では、ポスドク1年目で結婚しました。夫もJ-PARCで加速器研究者としての仕事を得て、同居することができました。夫は当初から子供を望んでいたのですが、私は仕事との両立で迷っていました。しかし、夫の「自分が仕事を辞めてでも子供は欲しい」との言葉で覚悟を決めることができました。2004年にいざ出産に臨み、初めての体験にすごく感動したあとは、しばらくメールを読む気力さえおきずに、ただ、子育てを何とかこなす、という状態が1、2か月続きました。生後4か月くらいから仕事に復帰しましたが、子育ては、建設よりも大変だと痛感しました。保育園に預けて仕事を再開することで精神的にはすごく楽になりました。

家事を夫と分担して子育てをしながら研究を続ける日々が始まりました。子供の成長を見るのは、科学的な観点からも驚くようなことばかりでさまざまな感動がありました。それでも以前に比べて思うように仕事ができず、ぎくしゃくとした日々が続きました。そんな頃に、京都大学の准教授に応募しないかという話がありました。夫と娘をつくばにおいて、京都大学のポストに就くなど不可能に思えましたが、「やってみて駄目だと思ったら、また戻ればいいじゃん」という周りの言葉に押され、応募して着任することになりました。初めの2年間はJ-PARCの建設が佳境に差し掛かっていたこともあり、大学へは2週間に一度、その後は毎週通っています。片道6時間かかるのですが、その間、子育てや日々の雑用から離れて、精神的にリフレッシュすることができました。それまで建設の現場の最前線で研究をしようとあがいてきたのですが、これを機に、きっぱりとその路線はあきらめて、院生さんと一緒に研究をすすめるというスタイルに移ることができました。研究室のスタッフや院生は、私の家庭の事情をよく理解してくれてサポートしてくれました。そして、建設が終わり、2010年にいよいよ世界12か国、約500名の共同研究者による加速器長基線ニュートリノ振動実験T2K（ティーツーケー）が始まりました。

■T2K実験

ニュートリノ振動で、CP対称性の破れ、すなわち粒子‐反粒子の変換と空間反転をした世界の物理法則が元の世界と異なるかどうかを測定するためには、まずミューニュートリノから電子ニュートリノへの変化を見つけなければいけません。この変化がどれくらいの確率でおこるのかは当時、わかっていませんでした。ところが、データを取り始めると、ぽんぽんと電子ニュートリノ事象が検出され「これは、もう信号だろう！」と西川さんとほくそ笑んだことを覚えています。2011年3月11日、実験グループとして電子ニュートリノ出現の兆候を発表しようとしていたその日、東日本大震災が起きました。当日、私は京都におり、東海村にいる家族と電話が通じないなかやきもきとしていました。結局、家族に再開できたのは3週間後で、もう二度とこういう思いはしたくないと思ったものでした。J‐PARC施設も大きな被害を受けましたが、J‐PARCセンターの人々の献身的な作業で約1年で復旧を果たしました。そしてデータ取得を再開した頃、中国のダヤベイという原子炉からの反電子ニュートリノを測定する実験グループが反電子ニュートリノの消失を確認したというニュースが届きました。これは、ミューニュートリノが電子ニュートリノへ変化するのを見つけるのと同じ意義を持ちます。つまり、競争で先を越されてしまったのです。T2K実験のメンバーは衝撃を受けて意気消沈しました。私も数日荒れたのですが、すぐに気を取り直して、その意味を定量化しました。消失がおきる確率は、物理法則の厳密な対称性からニュートリノでも反ニュートリノでも同じになります。一方、CP対称性の破れは、ミューニュートリノから電子ニュートリノへの変化の確率と、反ミューニュートリノから反電子ニュートリノへの変化の確率の差として表れます。ダヤベイ実験のニュートリノの消失確率と比較することで、反ニュートリノでの測定をせずとも、ミューニュートリノから電子ニュートリノへの変化の確率だけでもCP対称性の破れが測定できます。そのような方法で、T2K実験でどれだけの感度を持てるかをすぐに大雑把に評価すると、破れの大きさが大きければ90%の信頼度で測定できることがわかりました。これをT2K実験グループ全体の会議で発表し、実験グループとして、即座にCP対称性の破れの探索を目指す方向へと進んでいくことになりました。

T2K実験は、今もデータを取得しつづけており、CP対称性の破れの兆候が見えています。つまり、統計量がまだ十分ではなく確定的なことは言えませんが、CP対称性が保存している確率は5%程度となっています。私は2019年より実験グループの代表に選ばれ、今は、さらに統計を貯めるべくグループ内外の人々の調整をする日々です。これで研究していると言えるのかと、たまに自分でも思うのですが、「研究を進めるためには何でもする」という素粒子物理学実験の観点からは十分に研究活動であり、さまざまな国の人々がさまざまな考え方を持ち寄って、ときにぶつかり合いながらも、共通の目的に向かって物事を進めていくという過程を興味深く楽しんでもいます。

■その他

もう一つ取り組んでいる研究があります。CP対称性の破れと並んで、あるいはそれ以上に重要なニュートリノの未知の性質としてマヨラナ性があります。すべての素粒子には電荷が逆の反粒子が存在することがわかっていますが、電荷が中性のニュートリノは、自身が反粒子である可能性があります。粒子と反粒子の違いは運動方向に対するスピンの向きの違いに表れていて、そもそもは同じ粒子である、ということです。この性質を確認するための新しい検出器を自分で開発したいと考え、いろいろ失敗しながらも、今、高圧キセノンガスによる検出器を研究室の院生さん達と一緒に開発しています。

ニュートリノにおけるCP対称性の破れを見つけること、ニュートリノはマヨラナ粒子なのかどうかを知ること、それからビッグバン直後に作られ今も宇宙を漂っている宇宙背景ニュートリノを直接観測することが今の私の夢です。

研究はうまくいかないことの連続で、辛いこと、大変なことも多いです。しかし、振り返ってみると、週末も含めて研究に没頭し、無我夢中で続けるうちに成果が出て、小学生の頃に算数のパズルを解けたときの〝おお！〟という快感の何倍もの感動を味わうことができます。なぜ素粒子物理学実験という分野で研究しているのか、よく聞かれますが、特に決まったきっかけがあったわけではない、むしろ好きなこと、向いていそうなことを何となく続け、続けるうちにその魅力に取りつかれて夢中で何とか取り組んでいるうちにたどり着いたように思います。研究者としてやっていけるのかという不安はいまだに続いています。それでも、今の仕事は自分にとって天職だと思えるようにはなりました。悩んでいる若者には、そういう風に悩んだり落ちこぼれたりしながらも、自分にあった仕事を見つけて楽しく頑張っている人もいるんだということを知っていただければと思います。

略歴

1994年　京都大学理学部卒業
2001年　京都大学大学院理学研究科博士後期課程修了
2002年　高エネルギー加速器研究機構素粒子原子核研究所助手
2007〜20年　京都大学大学院理学研究科准教授
2020年〜現在　東北大学大学院理学研究科教授

受賞歴

２００２年　原子核談話会新人賞
２００７年　大学婦人協会守田科学研究奨励賞
２０１４年　第１回湯浅年子金賞

著書・論文

Design concept of the magnetic horn system for the T2K neutrino beam. Ichikawa, A.K., *Nucl. Instrum. Meth.* 2012, A690, 27-33

Constraint on the Matter-Antimatter Symmetry-Violating Phase in Neutrino Oscillations. T2K Collaboration, *Nature* 2020, 580, 7803, 339-344

『宇宙の物質はどのようにできたのか――素粒子から生命へ』、「第３章　反物質はどこへ――素粒子実験が挑む物質優勢宇宙の謎」、日本物理学会編、日本評論社、２０１５

学会・社会活動

日本物理学会会員
２０１７年～　日本学術会議連携会員
２０１９年～　高エネルギー研究者会議将来計画委員会委員長

おわりに

1980年に猿橋賞が設立されて以来、毎年一人ずつ優秀な女性科学者を選んでまいりました「女性科学者に明るい未来をの会」の活動も、はや40年が経過しました。最初の20人の受賞者が決まった際、これら20人の女性科学者がどのような歴史を背負いながら素晴らしい研究成果を挙げてきたかが、『*My Life*』という英語の本にまとめられ2001年に出版されました。

その後、また20年が経過し、その間、引き続き20人の女性科学者が猿橋賞を受賞されました。そこで、今度は日本語での記述ですが、最初の『*My Life*』と同様、受賞者ひとりひとりの歴史を語ってもらいまとめることになり、出版するにあたっては、数人の猿橋賞受賞者が編集委員となりこの任に当たることになりました。出版は2021年の第41回猿橋賞授賞式に間に合うよう、2年ほど前から案を練って準備を進めてまいりました。20人の受賞者に原稿を依頼してきたのですが、大活躍中のお忙しい受賞者の方々から原稿を集め、また内容を精査してそのお返事をいただくのには多くの時間が必要でした。しかしながら、提出された原稿の修正も終わり、出版にまで漕ぎつけることができたのは、ひとえに、編集委員の方々の周到な準備、ならびに、日本評論社自然科学書編集部筧裕子氏の隅々に至るまでの気配りのお陰です。

故猿橋勝子先生が仰っていたように、猿橋賞のお陰で一筋の光が差し込んだ女性科学者がそれぞれどのような人生を送ってきたのか、その歩みがこの本に描かれています。その歩みはそれぞれの方により大きく異なりますが、どなたも自分なりの人生を大きく展開してきたことが分かると思います。この新生『*My Life*』が、これからの若い女性科学者が世の中で煌めく存在になるための一助になれば、編集に関わった者すべての望外な喜びです。

編集委員長　中西友子

女性科学者に明るい未来をの会「猿橋賞」受賞者一覧（所属および肩書きは受賞時）

■第1回（1981）　太田朋子　国立遺伝学研究所研究室長
「分子レベルにおける集団遺伝学の理論的研究」
■第2回（1982）　山田晴河　関西学院大学教授（故人）
「レーザー・ラマン分光による表面現象の研究」
■第3回（1983）　大隅正子　日本女子大学教授
「酵母細胞の微細構造と機能の研究」
■第4回（1984）　米沢富美子　慶應義塾大学教授（故人）
「非結晶物質基礎物性の理論的研究」
■第5回（1985）　八杉満利子　筑波大学助教授
「解析学の論理構造解明のための方法論」
■第6回（1986）　相馬芳枝　通産省工業技術院大阪工業技術試験所主任研究官
「新しい有機合成触媒の研究」
■第7回（1987）　大野　湶　東京工業大学工学部助教授
「電気化学的薄膜形成の基礎的研究」
■第8回（1988）　佐藤周子　愛知がんセンター研究所放射線部長（故人）

「放射線によるがん細胞分裂死の研究」
■第9回(1989) 石田瑞穂 国立防災科学技術センター研究室長
「微小地震による地下プレート構造と地震前兆の研究」
■第10回(1990) 高橋三保子 筑波大学生物科学系助教授
「原生動物の行動の遺伝学的研究」
■第11回(1991) 森美和子 北海道大学薬学部助教授
「医薬品合成のための新しい反応の開発」
■第12回(1992) 加藤隆子 国立核融合科学研究所助教授
「高温プラズマの原子過程の研究」
■第13回(1993) 黒田玲子 東京大学教養学部教授
「非対称な分子の左右やDNA塩基配列の識別のしくみの研究」
■第14回(1994) 白井浩子 岡山大学理学部附属臨海実験所助教授
「ヒトデの排卵と卵成熟のしくみの研究」
■第15回(1995) 石井志保子 東京工業大学理学部助教授
「代数幾何学における特異点の研究」
■第16回(1996) 川合眞紀 理化学研究所中央研究所主任研究員
「固体表面における化学反応の基礎研究」

■第17回（1997） 高倍鉄子 名古屋大学生物分子応答研究センター助教授
「植物耐塩性の分子機構に関する研究」
■第18回（1998） 西川恵子 千葉大学大学院自然科学研究科教授
「超臨界流体の研究」
■第19回（1999） 持田澄子 東京医科大学助教授
「神経伝達物質の放出機構の研究」
■第20回（2000） 中西友子 東京大学大学院農学生命科学研究科助教授
「植物における水および微量元素の挙動」
■第21回（2001） 永原裕子 東京大学大学院理学系研究科助教授
「隕石や惑星物質の形成と進化」
■第22回（2002） 眞行寺千佳子 東京大学大学院理学系研究科助教授
「生物のべん毛運動に関する研究」
■第23回（2003） 深見希代子 東京薬科大学生命科学部教授
「生命現象におけるリン脂質代謝の役割」
■第24回（2004） 小磯晴代 高エネルギー加速器研究機構加速器研究施設助教授
「衝突型加速器ＫＥＫＢにおける世界最高輝度達成への貢献」
■第25回（2005） 小谷元子 東北大学大学院理学研究科教授

「離散幾何解析学による結晶格子の研究」

■第26回（2006）　森　郁恵　名古屋大学大学院理学研究科教授

「感覚と学習行動の遺伝学的研究」

■第27回（2007）　高薮　縁　東京大学気候システム研究センター教授

「熱帯における雲分布の力学に関する観測的研究」

■第28回（2008）　野崎京子　東京大学大学院工学系研究科教授

「金属錯体触媒を用いる極性モノマーの精密重合の研究」

■第29回（2009）　塩見美喜子　慶應義塾大学医学部総合医科学研究センター准教授

「RNAサイレンシング作用機序の研究」

■第30回（2010）　高橋淑子　奈良先端科学技術大学院大学バイオサイエンス研究科教授

「動物の発生における形作りの研究」

■第31回（2011）　溝口紀子　東京学芸大学教育学部自然科学系准教授

「爆発現象の漸近解析」

■第32回（2012）　阿部彩子　東京大学大気海洋研究所准教授

「過去から将来の気候と氷床の変動メカニズムの研究」

■第33回（2013）　肥山詠美子　理化学研究所仁科加速器研究センター准主任研究員

「量子少数多体系の精密計算法の確立とその展開」

■第34回（2014）　一二三恵美　大分大学全学研究推進機構教授
「機能性タンパク質『スーパー抗体酵素』に関する研究」

■第35回（2015）　鳥居啓子　名古屋大学トランスフォーマティブ生命分子研究所主任研究者
「植物の細胞間コミュニケーションと気孔の発生メカニズムの研究」

■第36回（2016）　佐藤たまき　東京学芸大学教育学部自然科学系広域自然科学講座准教授
「記載と系統・分類学を中心とする中生代爬虫類の研究」

■第37回（2017）　石原安野　千葉大学グローバル・プロミネント研究基幹准教授
「アイスキューブ実験による超高エネルギー宇宙線起源の研究」

■第38回（2018）　寺川寿子　名古屋大学大学院環境学研究科附属地震火山研究センター講師
「地震活動を支配する地殻応力と間隙流体圧に関する研究」

■第39回（2019）　梅津理恵　東北大学金属材料研究所新素材共同研究開発センター准教授
「ハーフメタルをはじめとするホイスラー型機能性磁気材料の物性研究」

■第40回（2020）　市川温子　京都大学大学院理学研究科准教授
「加速器をもちいた長基線ニュートリノ実験によるニュートリノの性質の解明」

[編]女性《じょせい》科学者《かがくしゃ》に明《あか》るい未来《みらい》をの会《かい》
「女性科学者に明るい未来をの会」は、女性科学者が置かれている状況に一条の光を投じ、自然科学の発展に貢献できるように支援することを目的に、1980年10月に創立された。自然科学の分野で、顕著な研究業績を収めた女性科学者に、毎年、賞(猿橋賞)を贈呈している。2020年、会と猿橋賞は40年を迎えた。

〒171-0022
東京都豊島区南池袋2-49-7
池袋パークビル1階インスクエア内
http://www.saruhashi.net

私《わたし》の科学者《かがくしゃ》ライフ
猿《さる》橋《はし》賞《しょう》受《じゅ》賞《しょう》者《しゃ》からのメッセージ

2021年3月22日　第1版第1刷発行

編　者　女性科学者に明るい未来をの会

発行所　株式会社 日本評論社

〒170-8474 東京都豊島区南大塚3-12-4
電話(03)3987-8621[販売]
(03)3987-8599[編集]

印　刷　株式会社 精興社

製　本　井上製本所

ブックデザイン　原田恵都子(Harada+Harada)

ISBN 978-4-535-78930-2